Evolutionäre Anthropologie zur Einführung

Marianne Sommer

Evolutionäre Anthropologie zur Einführung

JUNIUS

Junius Verlag GmbH
Stresemannstraße 375
22761 Hamburg
www.junius-verlag.de

Umschlaggestaltung: Florian Zietz
Titelbild: Marcellin Boule,
Reconstruction of the skeleton of the Man
from La Chapelle-aux-Saints
Satz: Junius Verlag GmbH
Printed in the EU 2015
ISBN 978-3-88506-091-8

Bibliografische Information der Deutschen Nationalbibliothek
Die Deutsche Nationalbibliothek verzeichnet diese Publikation in der
Deutschen Nationalbibliografie; detaillierte bibliografische Daten
sind im Internet über http://dnb.d-nb.de abrufbar.

Zur Einführung ...

... hat diese Taschenbuchreihe seit ihrer Gründung 1977 gedient. Zunächst als sozialistische Initiative gestartet, die philosophisches Wissen allgemein zugänglich machen und so den Marsch durch die Institutionen theoretisch ausrüsten sollte, wurden die Bände in den achtziger Jahren zu einem verlässlichen Leitfaden durch das Labyrinth der neuen Unübersichtlichkeit. Mit der Kombination von Wissensvermittlung und kritischer Analyse haben die Junius-Bände stilbildend gewirkt.

Seit den neunziger Jahren reformierten sich Teile der Geisteswissenschaften als Kulturwissenschaften und brachten neue Fächer und Schwerpunkte wie Medienwissenschaften, Wissenschaftsgeschichte oder Bildwissenschaften hervor. Auch im Verhältnis zu den Naturwissenschaften sahen sich die traditionellen Kernfächer der Geisteswissenschaften neuen Herausforderungen ausgesetzt. Diesen Veränderungen trug eine Neuausrichtung der Junius-Reihe Rechnung, die seit 2003 von der verstorbenen Cornelia Vismann und zwei der Unterzeichnenden (M.H. und D.T.) verantwortet wurde.

Ein Jahrzehnt später erweisen sich die Kulturwissenschaften eher als notwendige Erweiterung denn als Neubegründung der Geisteswissenschaften. In den Fokus sind neue, nicht zuletzt politik- und sozialwissenschaftliche Fragen gerückt, die sich produktiv mit den geistes- und kulturwissenschaftlichen Problemstellungen vermengt haben. So scheint eine erneute Inventur der Reihe sinnvoll, deren Aufgabe unverändert darin besteht, kompetent und anschaulich zu vermitteln, was kritisches Denken und Forschen jenseits naturwissenschaftlicher Zugänge heute zu leisten vermag.

Zur Einführung ist für Leute geschrieben, denen daran gelegen ist, sich über bekannte und manchmal weniger bekannte Autor(inn)en und Themen zu orientieren. Sie wollen klassische Fragen in neuem Licht und neue Forschungsfelder in gültiger Form dargestellt sehen.

Zur Einführung ist von Leuten geschrieben, die nicht nur einen souveränen Überblick geben, sondern ihren eigenen Standpunkt markieren. Vermittlung heißt nicht Verwässerung, Repräsentativität nicht Vollständigkeit. Die Autorinnen und Autoren der Reihe haben eine eigene Perspektive auf ihren Gegenstand, und ihre Handschrift ist in den einzelnen Bänden deutlich erkennbar.

Zur Einführung ist in der Hinsicht traditionell, dass es den Stärken des gedruckten Buchs – die Darstellung baut auf Übersichtlichkeit, Sorgfalt und reflexive Distanz, das Medium auf Handhabbarkeit und Haltbarkeit – auch in Zeiten liquider Netzpublikationen vertraut.

Zur Einführung bleibt seinem ursprünglichen Konzept treu, indem es die Zirkulation von Ideen, Erkenntnissen und Wissen befördert.

Michael Hagner
Ina Kerner
Dieter Thomä

Inhalt

Einleitung

Unter *Evolutionärer Anthropologie* oder dem häufiger anzutreffenden englischen Begriff *evolutionary anthropology* wird heute zumeist ein integratives Forschungsfeld verstanden, das die biologische und kulturelle Vielfalt und Geschichte der Menschheit aus evolutionstheoretischer Perspektive untersucht. Es handelt sich dabei um syn- und diachrone vergleichende Forschung zu den Unterschieden in Genen, kognitiven Fähigkeiten, Sozialsystemen und Kulturen der Primaten. Im Mittelpunkt steht die Evolutionsgeschichte, also die Untersuchung der fossilen und archäologischen Hinterlassenschaften (einschließlich fossiler DNA) der Hominiden (einschließlich der Anthropoiden) sowie der gegenwärtigen genetischen Diversität. Beteiligte Fächer sind die biologische Anthropologie, Paläoanthropologie, evolutionäre Genetik, Primatologie und Verhaltensökologie, die Linguistik, die Psychologie und die Kognitionswissenschaften sowie einige Ansätze der kulturellen Anthropologie. In meiner historischen Beschreibung der evolutionären Anthropologie betrachte ich die integrativen und evolutionsgeschichtlichen Aspekte als zentral. Der Fokus liegt auf den Versuchen einer mehr oder weniger gesamtheitlichen Betrachtung der Evolutionsgeschichte des Menschen und weniger auf Detailstudien, die zum Beispiel selektionistische Ansätze auf heutige Primaten anwenden, etwa in einer Untersuchung zur Spermienkonkurrenz in Abhängigkeit von der Polyandrie (›Vielmännerei‹).

Die Konstellation der Disziplinen, die sich an der evolutionären Betrachtung des Menschen beteiligen, hat sich im Laufe der Geschichte verändert, und das Gravitationszentrum hat sich verschoben, nicht ohne Auseinandersetzungen um die Definitionshoheit. Dies erstaunt kaum, geht es doch um nichts weniger als die Fragen, ›wer wir sind‹ und ›woher wir kommen‹, und darum, was mit diesem *Wir* bezeichnet werden soll. Damit ist auch klar, dass das Wissen der evolutionären Anthropologie im Austausch mit dem Alltags- und mit dem politisch angewandten Wissen einer Zeit steht. In diesem Einführungsband behandle ich solche Konstellationen für drei größere Zeiträume, in denen unterschiedliche Bereiche des Wissens über den Menschen in einer evolutionären Anthropologie integriert wurden beziehungsweise werden: die evolutionären Zugänge zur Geschichte und Vielfalt – aber auch Gegenwart und Zukunft – der Menschheit nach Charles Darwins *On the Origin of Species* (1859); die Prozesse, die mit dem Aufkommen der Genetik im frühen 20. Jahrhundert begannen und in der Integration unterschiedlicher biologischer Fachbereiche zu einer modernen Synthese gipfelten, deren Kern die Variations-Selektions-Theorie ausmachte; und die Synthesen, die sich aus genetischen Untersuchungen ergaben und die in den 1980er Jahren bei der Erforschung der Evolution des modernen Menschen einen ersten Höhepunkt erreichten. Es handelt sich also um eine wissenschafts- und wissenshistorische Herangehensweise.

Dabei muss die Wirkung der Evolutionstheorie auf das wissenschaftliche Verständnis der biologischen und kulturellen Geschichte der Menschheit und ihrer Vielfalt vor dem Hintergrund vorevolutionärer Konzepte betrachtet werden. Für die frühe evolutionäre Anthropologie sind insbesondere die gegensätzlichen Positionen des Monogenismus und Polygenismus sowie das Bild der Kette der Lebewesen relevant. Sie reichen in der

Geschichte weit zurück. Die Genealogie der Menschen wurde im Mittelalter aus der Genesis, also von den Söhnen Noahs, abgeleitet. Im Zuge der frühneuzeitlichen Begegnungen mit dem nicht-christlichen Westafrika und den ›Heiden‹ der Neuen Welt wurden die Stämme Japhets, Shems und Hams mit den BewohnerInnen der Erdteile Europa, Asien und Afrika identifiziert. Die jüngste der Begegnungen, jene mit den Amerindern, führte zur Herausbildung polygenistischer Theorien, die der dominanten Annahme des Ursprungs aller Menschen in einer einzigen Schöpfung widersprachen. Isaac La Peyrère wagte entgegen der Annahme von deren nachsintflutlicher Schöpfung aber die These, dass es sich bei den Amerindern um die Abkömmlinge aus einem ersten Schöpfungsakt Gottes vor der Erschaffung Adams und Evas handle – um Präadamiten (*Praeadamitae* 1655).

Gegen Ende des 17. Jahrhunderts fand das platonisch-aristotelische Prinzip der *scala naturae* Anwendung – eine Stufenleiter, in welche die menschlichen Varietäten in einer linearen Reihe von der vermeintlich niedrigsten bis zur höchsten eingeordnet wurden. Zusammen mit dem Bild der Kette der Lebewesen erlaubte es dieses Prinzip, die Einheit der Menschheit zu wahren und gleichzeitig deren Vielfalt gerecht zu werden. Denn inspiriert von der Schöpfungsgeschichte erklärten die Naturhistoriker des 18. Jahrhunderts den Wandel in der Flora und Fauna im Laufe der Erdgeschichte meist räumlich-geografisch. Es wurde angenommen, dass sich auch die Menschen von einem Zentrum aus über den Erdball verteilt hätten, wodurch sie in neue Lebensumstände gerieten, an welche sie sich im Laufe der Zeit durch morphologische Veränderungen und neue Verhaltensweisen anpassten. Damit erhielt die statische Stufenleiter in der zweiten Hälfte des 18. Jahrhunderts also eine gewisse Dynamik. Diese Entwicklungen wurden jedoch eher als Degeneration von einem Idealtypus denn als Fortschritt gedeutet und blieben im Rahmen der Artenkonstanz. Modelle der Stufenleiter mit echter Artentransformation wurden erst Anfang des 19. Jahrhunderts entwickelt.

Insbesondere Jean-Baptiste Lamarck und Étienne Geoffroy Saint-Hilaire am Muséum d'Histoire Naturelle in Paris verfochten transformistische Theorien und leiteten den Menschen von einer äffischen Vorstufe ab. Lamarck beschrieb in der *Philosophie zoologique* (1809) die evolutionäre Höherentwicklung von der Infusorie zum Menschen. Zur gleichen Zeit begannen archäologische Funde und vereinzelt menschliche Fossilien auf ein hohes Alter der Menschheit hinzudeuten. Lamarcks Gegenspieler am Muséum, der einflussreiche Paläontologe Georges Cuvier, war jedoch nicht überzeugt von der organischen Transformation und auch nicht von antediluvialen (vorsintflutlichen) Zeugnissen menschlicher Existenz. Beim wissenschaftlichen Establishment fanden die transformistischen Vorstellungen kaum Anklang. Dennoch lebte Lamarcks Evolutionstheorie in der Anthropologie des 19. Jahrhunderts weiter. Besonders die bereits in der Naturphilosophie vorhandenen Aspekte der Vererbung erworbener Eigenschaften, eines inneren Triebs zur Vervollkommnung, der die Organismen die Stufen der natürlichen Leiter hinauftreibt, und die Analogie zwischen Individualentwicklung und Stammesgeschichte bildeten Grundpfeiler der neuen evolutionären Anthropologie (der Begriff *Evolution* tauchte zuerst in der Embryologie auf).

Die erste Hälfte des 19. Jahrhunderts war aber auch eine Blütezeit des Polygenismus. Die Erklärungen für ›rassische‹ Unterschiede hatten sich vom Umweltparadigma des 18. Jahrhunderts hin zu einer stärkeren Gewichtung des erblichen Einflusses entwickelt. Dabei war es nicht nur die romantische Vorstellung von der Essenz unterschiedlicher ›Rassen‹, die den Glauben an deren grundlegende Verschiedenartigkeit schürte. Die Hinwendung zur wissenschaftlichen Untersuchung menschlicher Diversität führte zur Etablierung einer Rassenhierarchie, die auf anthropometrischen, insbesondere kraniometrischen, Messdaten beruhte (Sommer 2010a).

Vor diesem Hintergrund wende ich mich im ersten Teil dieses Buchs jenen Bestrebungen zu, die nach dem Durchbruch der Evolutionstheorie in der Folge von Darwins *On the Origin of Species* (1859) Aspekte der Biologie und Anthropologie, aber auch der ›Soziologie‹ und Psychologie, im Rahmen eines evolutionstheoretischen Zugriffs zu integrieren suchten. Die evolutionistischen Betrachtungen der Menschheit im 19. und frühen 20. Jahrhundert waren nicht im heutigen Sinne des Wortes darwinistisch. Wie aus Darwins eigenem Werk klar wird, war das Wissen über die Vererbungsprozesse so gering, dass die Frage, wie etwas Neues entstehen kann, weitgehend Gegenstand der Spekulation war. Obwohl Darwin in *Origin* die natürliche Selektion als zentralen Mechanismus der Evolution postulierte, ging er in seiner Vererbungstheorie davon aus, dass die Veränderungen, die ein Organismus während seines Lebens erfährt, an die Nachkommen weitergegeben würden. Der Glaube an die Vererbung erworbener Eigenschaften blieb auch deshalb ein zentraler Erklärungsversuch, weil die verbreitete Analogisierung von Onto- und Phylogenese eine direkte Verbindung zwischen individueller und stammesgeschichtlicher Entfaltung nahelegte. Eine andere Vorstellung war jene des *élan vital*, eines inneren Triebs zur Entfaltung, die auch durch die aus dem Fossilienbestand erkennbaren Entwicklungstrends bestätigt schien. Paläontologen beriefen sich zur Erklärung dieser Entwicklungslinien auf die sogenannte Orthogenese: die Vorstellung, dass im ›Keimplasma‹ Evolutionstrends angelegt seien. In dieser Interpretation bedurfte es der Selektion nicht oder nur gerade im negativen Sinn, indem nicht-adaptive Linien aussterben würden. Auch aus den europäischen Funden prähistorischer Kulturen und Knochen wurden Abstammungslinien abgeleitet, wobei die körperlichen Überreste in die bestehenden Vermessungs- und Klassifikationssysteme integriert wurden.

Die Wissenschaft der Genetik entstand zu Beginn des 20. Jahrhunderts. Durch die Wiederentdeckung der Mendelschen Vererbungsgesetze und mit Laborexperimenten an neuen Modellorganismen wie der Taufliege *Drosophila* gelang es ihr, aufzuzeigen, dass Mutation, Rekombination und Crossing-over von Chromosomen die graduelle Variation in Phänotypen hervorbringen können, auf welche dann die natürliche Selektion durch Anpassung an eine bestimmte Umwelt richtungsgebend wirkt. Mathematische Populationsgenetiker berechneten den Effekt von Faktoren wie Selektion, Migration und Gendrift auf die Verteilung von Allelfrequenzen (Häufigkeiten von Genvarianten) in Populationen, und in Studien an Wildpopulationen konnten diese Abstraktionen schließlich ins Feld übertragen werden. Es kam zu einer neuen Form der Synthese – jener zwischen Genetik und modernem Darwinismus.

Insbesondere aufgrund einer Neudefinition des Artbegriffs und der Systematik nahmen sich Synthetiker auch den Bestand an Hominidenfossilien vor. Der Versuch, die Anthropologie in die moderne Synthese zu integrieren, war darüber hinaus durch die Auswüchse der Rassenanthropologie und der Eugenik motiviert. Das neue, statistische Artkonzept ging von polymorphen Populationen aus und schien den herkömmlichen Rassebegriff unhaltbar zu machen. Die Ausprägungen eines Merkmals oder dessen Häufigkeit bildeten keine klar umrissenen Typen innerhalb der Menschheit, vielmehr verlief die Verteilung von Merkmalsformen und -häufigkeiten in Gradienten und deckte sich auf der Landkarte nicht mit nationalen und ethnischen Einheiten. Es war zunehmend von Populationen die Rede, die als evolutionäre Anpassungen an unterschiedliche Lebensräume aufgefasst wurden

– möglichst ohne diese zu werten. Vor diesem Hintergrund wurde in den 1950er Jahren eine neue physische Anthropologie ausgerufen, die die biologische und kulturelle Anthropologie auf die Evolution menschlichen Verhaltens als gemeinsamen Fokus einschwören sollte. Für diese Integration einer transdisziplinären Anthropologie in die moderne Synthese war die neue Wissenschaft der Primatologie zentral, die insbesondere mit den Langzeitfeldstudien ab den 1960er Jahren auch Einsichten in die Menschwerdung versprach.

Die führenden Synthetiker forderten eine Integration aller Wissenschaften und deren Anwendung auf den Gegenstand ›Mensch‹. Sie stellten fest, dass das Wissen aus der Soziologie und der Psychologie jenem aus den biologischen Wissenschaften noch weit nachstand – hier galt es aufzuholen. Anders als die Exponenten der aufkommenden Richtungen der Molekularbiologie und der Soziobiologie hielten die Vertreter der modernen Synthese die unterschiedlichen Erklärungsansätze, von der molekularen bis zur sozialen Ebene, für unentbehrlich. Für sie galt es, die menschliche Welt in ihrer vollen Komplexität zu begreifen. Während in diesem Ansatz der Mensch eine Sonderstellung einnahm, rückten bereits um 1900 erste immunologische Untersuchungen die Menschenaffen und Menschen einander näher; ein Befund, der später durch die Möglichkeit der Gensequenzierung erhärtet wurde.

Seit den 1960er Jahren wurden die neuen Methoden der Molekularbiologie zunehmend in der Untersuchung der Systematik und Evolution der Primaten eingesetzt. Dieser Trend gipfelte in der Anwendung der im Humangenomprojekt weiterentwickelten Verfahren für die Analyse von Genomstrukturen auf die vergleichende Untersuchung von menschlichen Ethnien. Bereits zu Beginn der 1980er Jahre wurde der erste Stammbaum menschlicher Populationen anhand von Unterschieden in der mitochondrialen DNA erstellt. Der Fortschritt nicht nur in den molekularen, sondern auch in den rechnerischen Technologien hatte dies möglich gemacht. Im Anfang der 1990er Jahre vorgeschlagenen Human Genome Diversity Project sollte sodann die Stammes- und Migrationsgeschichte der gesamten Menschheit genetisch erforscht werden. Während auch der blühende Zweig der Humanpopulationsgenetik auf Wissen aus anderen Disziplinen angewiesen ist, wird hier mehrheitlich davon ausgegangen, dass die molekulare Bestimmung am verlässlichsten ist – sowohl aufgrund der quantitativen, technologisierten Verfahren als auch wegen des epistemischen Objekts selbst, das als Fundament des Organismus gilt.

Diese Aura des ›Gens‹ dürfte nicht nur die öffentliche Wirkmächtigkeit der Humanpopulationsgenetik, sondern auch jene des zweiten genzentrierten Ansatzes dieser Zeit, der Soziobiologie, zumindest teilweise erklären. VertreterInnen dieser Felder wenden sich wie jene der historischen Versuche einer synthetischen evolutionären Anthropologie auch an ein größeres Publikum. Es ging und geht um mehr als um wissenschaftsinterne Angelegenheiten. Gleichzeitig sind die Verfahren der molekularen Erforschung von Geschichte und Verwandtschaft kommerzialisiert worden. Es sind Firmen entstanden, die DNA-Tests zur individuellen Herkunftsanalyse anbieten. Gemeinsam mit den wissenschaftlichen Projekten der genetischen Anthropologie zu regionaler, nationaler und ethnischer Herkunft und Geschichte prägen diese Unternehmen Vorstellungen bezüglich kultureller und biologischer Identität.

Diese einleitenden Beobachtungen deuten bereits an, dass der wiederholte Versuch von umfassenden Erklärungen und der Synthese von Wissen aus unterschiedlichen wissenschaftlichen Teilgebieten immer auch zentrifugale Kräfte freisetzte. Es hat zu keiner Zeit Einigkeit über die große Geschichte der Menschheit geherrscht. Zuletzt seien die Leserin und der Leser noch darauf hingewiesen, dass auch die Geschichte dieser Unterfangen auf zahlreiche Weise erzählt werden könnte und meine eigene Darstellung notwendigerweise Schwerpunkte setzt und anderes ausgrenzt. Um die Literaturliste, die (neben Primärquellen) weiterführende und vertiefende Lektüre enthält, nicht unnötig lang zu gestalten, sind die Werke dort nicht aufgeführt, die im Fließtext vollständig identifiziert sind und auf die ich mich nicht im Detail (mit Seitenangaben) beziehe. Dasselbe gilt für Werke, auf die ausschließlich innerhalb einer Fußnote verwiesen wird. Diese Einführung basiert auf meiner Forschungstätigkeit seit den 1990er Jahren, in der ich von zahlreichen Institutionen (inklusive dem Schweizerischen Nationalfonds) und ForscherInnen unterstützt wurde. Besonderer Dank gebührt Steffen Herrmann, dem Verleger der Reihe, und Staffan Müller-Wille, Wissenschaftshistoriker an der Universität Exeter, die das Manuskript kritisch gelesen haben.

1. Evolutionäre Anthropologie nach *On the Origin of Species* – eine erste Synthese

Voraussetzung für die Entwicklung dessen, was wir heute unter evolutionärer Anthropologie verstehen, war die Durchsetzung des Evolutionsgedankens und damit einhergehend die Ausweitung der Geschichte der Erde und des Lebens. In den 1850er Jahren erreichte die Wissenschaft aufgrund der Funde prähistorischer Werkzeuge einen ersten Konsens, wonach die Geschichte der Menschheit viel weiter zurückreiche als bis dahin angenommen. Zudem hat Stephen Jay Gould treffend festgestellt, dass die zweite Hälfte des 19. Jahrhunderts in der Anthropologie nicht nur die Epoche der Evolution war, sondern auch jene der Vermessungen, des Glaubens an die Unfehlbarkeit der Zahlen, die – mittels präziser Methoden generiert – ein objektives Wissen über den Menschen und die Menschen ermöglichen würden. Der französische Anthropologe Paul Broca produzierte in dieser Zeit eine große Menge an kraniometrischen Daten und etablierte auf diese Weise eine Hierarchie der zeitgenössischen ›Menschenrassen‹. Anhand von Gebeinen aus Pariser Friedhöfen, die zeitlich vom Mittelalter bis in die Moderne reichten, versuchte Broca, einen Trend zunehmender Schädelkapazität zu belegen (Gould 1996 [1981]: Kap. 2). Anfänglich widersetzte sich Broca der evolutionären Lesart solcher Entwicklungsketten, aber er war der naheliegende Adressat, als die Knochen von noch älteren BewohnerInnen Frankreichs entdeckt wurden, die man später der fossilen ›Menschenrasse‹ der Cro-Magnons zuschrieb.

Im Zuge dieser Entwicklungen begann sich die Anthropologie in Europa und in geringerem Maße in Amerika im Laufe der zweiten Hälfte des 19. Jahrhunderts zu institutionalisieren. Anthropologische Kongresse wurden abgehalten, und die Gründung von Gesellschaften, Instituten und Museen mit ihren Publikationsorganen erlaubte die Anhäufung und Verbreitung von Wissen über die menschliche Vielfalt und Herkunft. Im Folgenden werde ich mich mit den Entwicklungen auseinandersetzen, die in der Integration von biologischer und kultureller Anthropologie mit der jungen prähistorischen Archäologie und damit dem prähistorischen Material in einem evolutionären Rahmen gipfelten. Dabei untergliedere ich den Prozess in die folgenden großen Teilaspekte: 1.1 die Einführung der darwinschen Evolutionstheorie, die zu einem Durchbruch evolutionärer Denkweisen in den wissenschaftlichen Gemeinschaften und zu deren Anwendung auf die menschliche Stammesgeschichte führte; und 1.2 die Herausbildung eines Methodenkorpus in der physischen Anthropologie und deren Institutionalisierung. Dabei wird der Polygenismus als Bestandteil des anthropologischen Denkens zu behandeln sein. Dasselbe gilt für die Anhäufung einer verwirrenden Vielfalt von Daten zu paläolithischen (altsteinzeitlichen) Menschen und für die Versuche, diese zu klassifizieren und erste Synthesen des Wissens aus physischer Anthropologie, Kulturanthropologie, prähistorischer Archäologie und Geologie zu erzielen.

1.1 Theorien der menschlichen Evolution

1.1.1 Enter Darwin ... der britische Kontext

1859 wurde ein erster Konsens in Bezug auf das hohe Alter der Menschheit erreicht, im selben Jahr also, in dem Charles Darwins *On the Origin of Species* erschien. Der Geologe Charles Lyell kündigte die bevorstehende Publikation Darwins während der gleichen Sitzung der British Association for the Advancement of Science an, in der er auch seine Akzeptanz der Belege für die Existenz prähistorischer Menschen bekanntgab (Lyell 1860 [1859]). Lyells geologische Überlegungen zum allmählichen Wandel der Erdkruste über unendlich lange Zeiträume unter der Wirkung der noch in der Gegenwart messbaren Naturkräfte waren für Darwin eine maßgebliche Inspiration gewesen (*Principles of Geology* 1830–33), und Lyell hatte ihn bereits 1844 gedrängt, Teile des Manuskripts zu publizieren. Als Lyell im Jahr 1858 von Alfred Russel Wallaces Ideen zur organismischen Evolution durch einen ähnlichen Mechanismus wie Darwins natürliche Auslese erfuhr, rieten er und Joseph Hooker, Botaniker und Freund Darwins, Wallace zur Veröffentlichung – gemeinsam mit einem Kapitel aus Darwins Werk.

Motiviert und vielleicht auch etwas aufgeschreckt durch die Konkurrenz, wagte es Darwin schließlich, *On the Origin of Species by Means of Natural Selection, or the Preservation of Favoured Races in the Struggle for Life* 1859 zu publizieren.[1] Die wichtigsten Grundsätze von Darwins Evolutionstheorie waren nun, dass Eltern mehr Nachkommen haben, als überleben und selber Nachkommen haben werden; dass sich die Nachkommen von ihren Eltern und voneinander unterscheiden; und dass diejenigen Nachkommen, die besser als andere an ihre jeweilige Umwelt angepasst sind, dadurch einen Vorteil im Kampf ums Überleben in einer Form natürlicher Auslese haben und sich erfolgreicher fortpflanzen; damit werden jene Eigenschaften, die diesen Vorteil ausmachen, öfter an die nächste Generation weitergegeben als weniger vorteilhafte Eigenschaften. Aufgrund dieser Voraussetzungen verändern sich Arten allmählich in Abhängigkeit von den sich ebenfalls wandelnden Umweltbedingungen. Insbesondere wenn Organismen derselben Art reproduktiv voneinander isoliert werden (zum Beispiel durch geografische Barrieren), kommt es so zur Entstehung neuer Arten (Darwin 1859: insbesondere Kap. 2–4).

Gleich nach der Publikation wurde das Buch in Zeitschriften, Zeitungen und Vorträgen diskutiert, und es wurde von der Kanzel herab geschmäht. Diejenigen, die im Kosmos den Ausdruck einer göttlichen Ordnung sahen, waren über Darwins Theorie empört. Die Vorstellung von der Zufälligkeit der Evolution und des grausamen Kampfes ums Dasein schienen jenseits jeglicher Moral. Insbesondere die christliche Ethik müsste im darwinschen Verständnis neu begründet werden. Zwar hatte die Naturtheologie die Entstehung der natürlichen Welt immer seltener direkten Eingriffen des Allmächtigen zugeschrieben, aber die Leitidee, dass die Welt nach einem großen Plan funktioniere, war bestehen geblieben. In diesem Verständnis war der Kosmos nicht nur sinnvoll, sondern auch moralisch gut. Die größte Empörung entzündete sich erwartungsgemäß an der Frage nach der Bedeutung von Darwins Theorie für die Menschheit, obwohl Darwin nur in einem Satz auf eine mögliche Anwendung auf den Menschen anspielte.

Innerhalb der gut zwanzig Jahre, die zwischen der Konzeption und der Veröffentlichung von *On the Origin of Species* verstrichen, hatte sich die soziale Welt Englands aber verändert. Der Einfluss der Kirche auf das universitäre System war durch die Einrichtung säkularer Bildungsinstitutionen wie des University College in London geschmälert worden. Gleichzeitig hatten die Naturwissenschaften in Cambridge und Oxford an Bedeutung gewonnen, und die Öffnung dieser Universitäten für andere Konfessionen schwächte das anglikanische Monopol. Innerhalb der Naturforschung hatte sich der Trend zur Professionalisierung fortgesetzt, und frei gewordene Positionen in Bildungseinrichtungen und Gelehrtengesellschaften waren mit Forschern einer neuen Generation besetzt worden. Obwohl die neue Elite der Orthodoxie ihrer Vorgänger zunehmend den Rücken kehrte, waren ihre Mitglieder doch beispielhafte Vertreter des viktorianischen Lebensstils. Insofern verdeutlichte das Netzwerk aus einflussreichen Wissenschaftlern, das um Darwins Person und Ideen entstand, dass Evolution nicht Revolution bedeuten musste. Die Evolutionstheorie setzte sich trotz Widerstand aus der Öffentlichkeit, der Kirche und von konservativen Gelehrten in der Wissenschaft rasch durch (Ruse 1999 [1979]: 250–263).

Entgegen der Vorstellung, die Quartär-Fauna sei durch Katastrophen ausgelöscht worden, begann man zu sehen, dass einige Arten eher in einem langen Prozess verschwunden waren. Andere wurden als Vorfahren der modernen Formen gedeutet. Das Aussterben der großen Säugetiere wie des Mammuts konnte durch Veränderungen des Klimas und/oder mit der Bejagung durch den Menschen erklärt werden. Publikationen nach 1859 wie Lyells *Geological Evidences of the Antiquity of Man with Remarks on Theories of the Origin of Species by Variation* (1863) zeigen aber auch, wie fundamental sich die Vorstellungen über die Stellung der Menschen in der Natur verändert hatten. Lyell lieferte einen wunderbaren Überblick über die bis zu jenem Zeitpunkt gesammelten prähistorischen Artefakte und Menschenknochen und beurteilte diese in dem neuen wissenschaftlichen Interpretationsrahmen (oder reproduzierte die entsprechenden

Beurteilungen anderer). Er setzte prähistorische Fundstellen auch in Beziehung mit geologischen Epochen (Geomorphologie, Stratigrafie und Paläontologie), insbesondere mit den europäischen Eiszeiten, um einen möglichen Zeitrahmen für die Ankunft der Menschen in Europa zu ermitteln. Darüber hinaus fasste Lyell die zeitgenössischen Argumente für und gegen die Evolution in ihrer darwinschen und lamarckschen Ausprägung zusammen, was bereits darauf hinweist, dass Darwins großes Buch zwar der Evolutionstheorie im Allgemeinen zum Durchbruch verhalf, aber nicht notwendigerweise im darwinschen Sinn.[2]

In *Man's Place in Nature* (1863) diskutierte auch Darwins Freund Thomas Henry Huxley, eine wichtige Stimme der Evolutionstheorie in der Öffentlichkeit, den Bestand an menschlichen Fossilien und die phylogenetische Beziehung der Menschen zum übrigen Tierreich, wozu er Vergleiche mit Menschenaffen anstellte. Es galt nun, aufzuzeigen, in welchen Eigenschaften sich die Menschen und die Affen ähnlich waren, aber auch, in welchen sie sich unterschieden – und zwar in anderen als biblischen Begriffen. Wie für die meisten Evolutionisten dieser Zeit waren auch für Huxley die vergleichende Anatomie, die vergleichende Embryologie und die Paläontologie die Säulen des evolutionären Gebäudes. Durch die Zusammenschau von Erkenntnissen aus diesen Bereichen und deren Integration in den geologischen Zeitrahmen wollte er seine ZeitgenossInnen zu einem neuen Selbstverständnis als Nachkommen von ›Wilden‹ und Cousins von Affen zwingen.

Aber es kam zu keiner unmittelbaren und universellen Anerkennung dessen, was wir heute als Darwins mechanistisches Verständnis einer diversifizierenden und zufälligen Evolution betrachten. Während das Konzept des Artenwandels nicht unbedingt unvereinbar mit der Naturtheologie und der damit verbundenen Teleologie war, bereitete die Kontingenz der natürlichen

Selektion größere Schwierigkeiten. Manche DenkerInnen gingen eher davon aus, dass Evolution zwar stattfindet, aber im Rahmen von durch Gott aufgestellte Gesetze oder durch göttliche Intervention bei jeder Artenbildung. Damit knüpfte man an ältere Evolutionsverständnisse wie etwa jenes von Robert Chambers an, dessen anonym publiziertes Werk *Vestiges of the Natural History of Creation* (1844) eine große Leserschaft erreicht hatte und Darwins Publikation den Weg bereitete. Die Vorbehalte gegenüber einer stochastischen Evolution waren in Bezug auf den Menschen besonders stark, sodass nach der Veröffentlichung von *On the Origin of Species* eine Fülle unterschiedlicher Erzählungen koexistierte, die ein breites Spektrum zwischen den Polen Evolution und Schöpfung, Fortschrittsglaube und Unwandelbarkeit, Monogenismus und Polygenismus sowie Materialismus und Spiritualismus abdeckten.

Verglichen mit der Evolution durch natürliche Selektion war die Vorstellung eines hohen Alters der Menschheit weniger problematisch, da dieses sowohl kreationistisch als auch evolutionistisch erklärt werden konnte. Natürlich hörten die Menschen nun nicht einfach auf, an die Bibel zu glauben, und einige Nicht-Evolutionisten versuchten, die neu gewonnenen Erkenntnisse über die frühen Kulturen und deren Koexistenz mit den seither ausgestorbenen Tieren mit der Heiligen Schrift in Einklang zu bringen. Jene, die an die Erschaffung des Menschen vor Adams Lebzeiten glaubten, sahen in den nachpliozänen Knochen und Werkzeugen den Beweis dafür. Die Ähnlichkeiten, die zwischen prähistorischen und Kulturen zeitgenössischer ›Wilder‹ beobachtet wurden, schienen diese Sichtweise ebenfalls zu stützen. Die ›primitiven Völker‹ wurden hierbei als Abkömmlinge der Schöpfung vor Adam gedeutet und die Vorfahren der ›zivilisierten Rassen‹ einer zweiten Schöpfung zugeschrieben. Andere behaupteten, die ersten Menschen seien zivilisiert gewesen und die prähistorischen Befunde würden darauf hinweisen, dass eine Degeneration stattgefunden habe. Sie gingen davon aus, dass eine einfache materielle Kultur keineswegs auf ein entsprechend einfaches moralisches und intellektuelles Leben hindeuten müsse (Grayson 1983: Kap. 9).

Es ist offensichtlich, dass die Belege des prähistorischen Menschen mit dem Evolutionsgedanken im Zusammenhang stehen. Dennoch behandle ich die Entdeckung und Beschreibung archäologischer Funde erst weiter unten (Kapitel 1.2.2), während ich nun auf die Theorien der menschlichen Evolution eingehe. Dies lässt sich dadurch rechtfertigen, dass die noch spärlichen fossilen Evidenzen oft kaum bis gar nicht Teil der im Folgenden behandelten Theorien menschlicher Evolution waren. Es waren meist die lebenden ›primitiven Rassen‹ und andere scheinbare Bindeglieder, die zur Überbrückung des Grabens zum hypothetischen Vormenschen oder Affen herzuhalten hatten. Die Forscher, denen ich mich zuwende, hatten keine Probleme mit dem neuen Selbstverständnis, wonach der moderne Mensch ein Verwandter des Affen und erst in der jüngsten Vergangenheit der Wildheit entwachsen war, da dies die Möglichkeit eines unbegrenzten Fortschritts aufzuzeigen schien. Auch Darwins Schriften waren nicht frei von einem Fortschrittsdenken oder dem damit assoziierten Konzept der Vererbung erworbener Eigenschaften. Und auch bei Darwin war das Fortschrittsdenken in Bezug auf den Menschen am stärksten ausgeprägt.

In *The Descent of Man and Selection in Relation to Sex* (1871), mit dessen Publikation er nach der Veröffentlichung von *On the Origin of Species* nochmals zwölf Jahre wartete, argumentierte Darwin, dass sich die Menschen lediglich quantitativ und nicht qualitativ von den höchsten Säugetieren unterscheiden. Sie passten nahtlos in das genealogische System. Darwin zeigte auf, dass sich die menschliche Anatomie und Psychologie schrittweise von einem affenähnlichen Vorgänger aus entwickelt hatten. In *The*

Expression of the Emotions in Man and Animals (1872) belegte er detailliert, dass der menschliche Geist – die Emotionen und kognitiven Fähigkeiten – seine Vorläufer bei den höher entwickelten Tierarten hat. Dennoch war es Darwin selbst, der der christlichen Moral zu einer neuen Basis verhalf. In *The Descent of Man* machte er aus der Moral eine angeborene menschliche Eigenschaft, die sich aus weniger komplexen Instinkten entwickelt habe. Die niederen Instinkte bestanden dabei aus einer Verbindung reflexartiger Aktionen und waren das Resultat gewohnheitsmäßiger Reize und der damit verbundenen Verhaltensweisen und Gedanken, welche einen Einfluss auf die Gehirnanatomie hatten. Durch den Mechanismus der Vererbung erworbener Eigenschaften seien die Modifikationen der Hirnstrukturen an die nächste Generation weitergegeben worden. Darwin sah allerdings gerade in den komplexeren sozialen Instinkten, die in seiner Theorie in enger Verbindung mit dem moralischen Sinn und dem Gewissen stehen, das Resultat gradueller Entwicklung durch spontan auftretende vererbbare Variationen der niederen Instinkte.

Hier war Darwin aber mit dem Problem konfrontiert, dass Individuen zwar von gegenseitiger Unterstützung profitieren konnten, der Mechanismus des Gebens und Nehmens jedoch nicht ausreichte, um Altruismus auf einem so hohen Niveau zu erklären, wie er in der menschlichen Moral zum Ausdruck kam. Er wies explizit auf die Mängel eines rein utilitaristischen Ansatzes hin. Vielmehr sah er einen grundsätzlichen Zusammenhang zwischen dem Sympathie-Instinkt und dem Auftreten von Sozialität und Moral. Durch Empathievermögen hätten Menschen gelernt, eher zur Befriedigung der gemeinschaftlichen als der individuellen Bedürfnisse beizutragen. Dadurch hätten sich Gewohnheiten eingestellt, die die sozialen Instinkte stärkten. Katalysiert wurde dieser Prozess nach Darwin durch die Entwicklung eines Gewissens, welches die Menschen für Lob und Tadel empfänglich werden ließ. In einer menschlichen Gemeinschaft, in der egoistische Instinkte oft mit sozialen Instinkten um Befriedigung konkurrieren, würden Individuen durch die Erfahrung der Folgen, welche die Verletzung von sozialen Regeln nach sich zieht, schließlich den sozialen Antrieben den Vorrang geben (Darwin 1871: Kap. 2–3). Aber welchen evolutionären Vorteil könnte ein Individuum davon haben, wenn es anderen hilft, vielleicht sogar in Fällen, in denen ihm dies zum Nachteil gereicht?

Darwin begegnete diesem Widerspruch mit der Überlegung, dass Menschen in einem primitiven Zustand den sozialen Imperativen innerhalb ihrer eigenen Gemeinschaft gehorchten, nicht aber gegenüber Mitgliedern anderer Gruppen, was der moralischen Empfindung der eigenen Sippe nicht widersprach. Um eine robuste evolutionäre Grundlage für den moralischen Sinn der Menschen aufzubauen, konnte Darwin von dieser Prämisse ausgehend mit der Gruppenselektion arbeiten, die ihm bereits geholfen hatte, den mysteriösen Fall der geschlechtslosen Insekten zu lösen (Darwin 1859: Kap. 7). Er argumentierte, dass in der Evolutionsgeschichte menschliche Gemeinschaften mit einem höheren Grad an Kooperation und Organisation im Inneren im Konkurrenzkampf jenen überlegen gewesen seien, deren Mitglieder egoistischer handelten und weniger Gemeinschaftsgefühl aufwiesen. Das Konzept der Gruppenselektion konnte erweitert werden und nebst sozialen und moralischen Instinkten Eigenschaften wie eine allgemeine Intelligenz, Einfallsreichtum und Mut erklären (Darwin 1871: Kap. 5). Es scheint also, dass für Darwin sowohl der Zusammenhalt innerhalb von Gemeinschaften als auch die Rivalität zwischen Gemeinschaften als Mechanismen der Diversifizierung der menschlichen Art gewirkt hatten.

Jene Merkmale, in denen sich die menschlichen ›Rassen‹ unterschieden, die aber keine Überlebensvorteile mit sich zu bringen schienen, schrieb Darwin dem Mechanismus der sexuellen

Selektion zu. Die Menschen stellten diesbezüglich insofern eine Ausnahme im Tierreich dar, als es hauptsächlich die Männchen waren, die die Weibchen wählten. Der Grad der Verdrängung der weiblichen Partnerwahl konnte gar als Maßstab für den Zivilisationsstand einer Gemeinschaft dienen. Die Tatsache, dass die Männer verschiedener ›Rassen‹ Frauen nach unterschiedlichen ästhetischen Kriterien aussuchten, habe mit der Zeit zur Differenzierung der ›Rassen‹ geführt. Darwins Überlegungen in Bezug auf die sexuelle Selektion standen durchaus in Verbindung mit der Stellung der Geschlechter in der viktorianischen Gesellschaft. Durch die Konkurrenz um den Zugang zu Weibchen seien die Männchen im Verlauf der Evolution einem stärkeren Selektionsdruck ausgesetzt gewesen, was ihre körperliche und geistige Entwicklung schneller vorangetrieben habe als diejenige der Weibchen. Darwin spekulierte, dass, wenn sich die so errungenen Fortschritte in mentalen und körperlichen Merkmalen nicht auf die Nachkommen beider Geschlechter übertragen hätten, die Frauen in der Gegenwart den Männern diesbezüglich so stark unterlegen wären wie die Pfauenhennen den Hähnen in Bezug auf den Federschmuck.

Trotzdem übertrafen Männer nach Darwin Frauen in allen Angelegenheiten des Verstandes, der Vorstellungskraft, der Sinne und des Handwerks. Dass sich ›Rasse‹ und Geschlecht in diesen Vorstellungen überlagerten, zeigt sich daran, dass Darwin Frauen Qualitäten zuschrieb, die mit ›niederen Rassen‹ in Verbindung gebracht wurden: »It is generally admitted that with woman the powers of intuition, of rapid perception, and perhaps of imitation, are more strongly marked than in man; but some, at least, of these faculties are characteristic of the lower races, and therefore of a past and lower state of civilization.« (Darwin 1871: 326–327, generell Kap. 19–20) Generell war Darwins Denken mit seinem Umfeld dahingehend im Einklang, dass ihm die

›weiße Rasse‹ als das höchste Produkt der körperlichen, mentalen und kulturellen Evolution galt. In *Descent of Man* und *Expression of the Emotions* zog er die ›Naturvölker‹ auch als eine Art Missing Link heran, der im geistigen und kulturellen Kontinuum von ›primitiv‹ bis ›hoch entwickelt‹ die Kluft zwischen den hypothetischen Urmenschen und den höchst zivilisierten Europäern überbrückte. Ebenso könnten in gewisser Hinsicht Frauen sowie ›Idioten‹ und Kinder als RepräsentantInnen früherer Entwicklungsstufen gelten und damit Einsichten in den allgemeinen Verlauf der menschlichen Evolution ermöglichen (z.B. ibid.: 121–122; Darwin 1998 [1872]: 241).

Solche Hierarchien, die entlang einer evolutionären Achse etabliert wurden, waren eng verflochten mit der Analogie zwischen Ontogenese und Phylogenese. Mit der Verbreitung der darwinschen Theorie wurde das Verständnis des preußisch-estnischen Embryologen Carl Ernst von Baer von Ontogenese als einem Prozess der Differenzierung und Individualisierung auf die Evolution als ein anderes System der divergierenden Entwicklung übertragen (von Baer 1828; 1837). Obwohl die Rekapitulationstheorie älter ist als die evolutionären Theorien, die in diesem Kapitel diskutiert werden, unterscheiden sich die Versionen, die vor Darwin entwickelt wurden, in wichtigen Punkten von den ›darwinschen‹. Entgegen der Vorstellung einer linearen Reihe der Lebewesen behauptete von Baer (wie bereits Cuvier), die vier Hauptstämme der Tiere könnten nicht in einer Entwicklungshierarchie angeordnet werden – wenngleich dies innerhalb der einzelnen Stämme möglich sei. Und parallel dazu würde die vergleichende Embryologie aller Arten nicht eine lineare, sondern eine baumartige Beziehung zum Vorschein bringen.

Darwin und seine Anhänger bevorzugten eine solche Vorstellung der verästelten Diversifizierung, obwohl von Baer selbst den Darwinismus ablehnte. Von Baer lehnte auch die populäre Vorstellung ab, dass die Embryonen einer Art Stadien durchlaufen, die mit den erwachsenen Tieren anderer Arten vergleichbar sind, und betonte stattdessen, dass die Embryonen einer Art zwar den Embryonen einer anderen Art ähneln könnten, nicht aber den ausgewachsenen Tieren. Dennoch wurden in den neuen Analogien die Embryonalstadien mit evolutionären Vorfahren verglichen. Darwin schrieb: »As the embryonic state of each species and group of species partially shows us the structure of their less modified ancient progenitors, we can clearly see why ancient and extinct forms of life should resemble the embryos of their descendants, – our existing species [...] Embryology rises greatly in interest, when we thus look at the embryo as a picture, more or less obscured, of the common parent-form of each great class of animals.« (Darwin 1859: 449–450)

In Bezug auf den Menschen konnte die Parallelisierung von Individualentwicklung und Stammesgeschichte dazu führen, dass Menschen mit embryonalen Hemmungsbildungen wie der Mikrozephalie bezüglich gewisser äußerlicher und verhaltenstechnischer Merkmale von ›Primitivität‹ mit den ›niederen Rassen‹, mit Kindern und gar mit Affen verglichen wurden: »*Arrests of Development.*– [...] It will suffice for our purpose to refer to the arrested brain-development of microcephalous idiots [...] Their skulls are smaller, and the convolutions of the brain are less complex than in normal men. The frontal sinus, or the projection over the eye-brows, is largely developed, and the jaws are prognathous to an ›*effrayant*‹ degree; so that these idiots somewhat resemble the lower types of mankind. Their intelligence, and most of their mental faculties, are extremely feeble [...] They often ascend stairs on all-fours; and are curiously fond of climbing up furniture or trees. We are thus reminded of the delight shewn by almost all boys in climbing trees [...] and several cases have been published of their bodies being remarkably hairy.« (Darwin 1874 [1871]: 52–54)[3]

Solche ontogenetischen Hemmungsbildungen konnten die Situation des ›zivilisierten‹ Menschen durchaus als prekär erscheinen lassen. Dasselbe galt für Rückfälle auf frühere Stufen der Evolution: »In the breeding of domestic animals, the elimination of those individuals, though few in number, which are in any marked manner inferior, is by no means an unimportant element towards success. This especially holds good with injurious characters which tend to reappear through reversion, such as blackness in sheep; and with mankind some of the worst dispositions, which occasionally without any assignable cause make their appearance in families, may perhaps be reversions to a savage state, from which we are not removed by very many generations. This view seems indeed recognised in the common expression that such men are the black sheep of the family.« (Darwin 1874 [1871]: 211)[4]

Das Zusammendenken von Onto- und Phylogenese ging meist mit dem Mechanismus der Vererbung erworbener Eigenschaften einher, indem die Weitergabe von Merkmalen an die nächste Generation, die ein Individuum während seines Lebens erwarb, die Onto- mit der Phylogenese verband. In Bezug auf Darwins Werk ist gezeigt worden, dass in *On the Origin of Species* (1859) die natürliche Selektion das Kernelement darstellt, dieser Mechanismus aber in späteren Publikationen zugunsten der Vererbung erworbener Eigenschaften an Gewicht verlor (bis 1872 waren auch sechs Ausgaben von *Origin* erschienen) (z.B. Richards 1987: 193–195). Das Paket aus der Analogie von Onto- und Phylogenese und der Vererbung erworbener Eigenschaften wiederum war mit dem Fortschrittsglauben verknüpft. Selbst NaturforscherInnen, die sich als DarwinistInnen verstanden, hielten an einem Fortschrittsdenken fest, das nicht mit der natürlichen Auslese und der damit verbundenen Zufälligkeit vereinbar war. Die obigen Feststellungen zu Darwins Denken sollen denn auch nicht darüber hinwegtäuschen, dass Darwin alle Lebewesen in einem genealogischen System verband, in dem grundsätzlich jeder Organimus als fortschrittsfähig erscheint. Darwin war sozial liberal eingestellt und ein ideologischer Gegner der Sklaverei. Adrian Desmond und James Moore (2009) haben in Darwins Verabscheuung der Sklaverei und seinem tiefen Glauben an die Einheit des Menschen gar den Impetus für sein großes Werk ausgemacht.[5]

Der Fortschrittsglaube war tief im Selbstverständnis der britischen Nation verankert, und der Aufstieg zur Weltmacht förderte ein Geschichtsbild, in dem die viktorianische Gesellschaft den Höhepunkt darstellte. In einer Form des ökonomischen Determinismus postulierten Sozialphilosophen eine Entwicklungsreihe, die alle Nationen zu durchlaufen hatten und deren Ziel der Liberalismus war. Die Errungenschaften der industriellen Revolution wurden weitgehend als Ergebnis individueller Anstrengung und persönlichen Erfindergeistes angesehen, und diese Eigenschaften würden in einer freien Marktwirtschaft am meisten gefördert. In seinem Text *Social Statics* von 1851 lieferte der politische Ökonom Herbert Spencer schlagkräftige Argumente für eine *Laissez-faire*-Ökonomie. Die westliche Gesellschaftsform sollte nach Spencer bald die ganze Welt dominieren. In dieser Vorstellung behielt die individualistische Denkweise eine Form von kosmischer Teleologie.

Spencer verband seine Sozialphilosophie mit einer Theorie der organischen Evolution, die Darwins *On the Origin of Species* (1859) vorausging. Dabei übertrug er sein Schema der ökonomischen Notwendigkeit auf das Tierreich, sodass individuelle Anstrengung und Initiative auch als die treibenden Kräfte des biologischen Fortschritts erschienen. Seit den 1850er Jahren vertrat Spencer einen universellen Evolutionismus, der den biologischen, psychologischen und gesellschaftlichen Fortschritt in einer synthetischen Philosophie vereinte. Wie Darwin bezog sich auch

Spencer in seinen *Principles of Biology* (1864/1867) auf von Baers Entwicklungstheorie. Er dachte die Baumstruktur, die die vergleichende Embryologie aufzeigte, als parallel zum Klassifikationssystem und zum phylogenetischen Verwandtschaftssystem (z.B. Spencer 1964: Teil II, Kap. 2, und Teil III, Kap. 5). Für Spencer war diese Analogie der integrierende Faktor zwischen der biologischen und der sozialen Evolution, die er beide als Prozesse der zunehmenden Differenzierung, Arbeitsteilung und Komplexitätssteigerung bei gleichzeitiger Integration verstand. Der Mechanismus des Fortschritts in Biologie, Psyche und Gesellschaft war für Spencer die Vererbung erworbener Eigenschaften. Neue Gewohnheiten führten dabei zu Veränderungen in der Anatomie und im Geist, die an die nächste Generation weitergegeben wurden. Ein höher entwickelter Geist und ein leistungsfähigerer Körper würden wiederum weitere Fortschritte im Verhalten der Menschen, also im sozialen und kulturellen Bereich, einleiten.

Diese Rückkoppelungs-Beziehung ließ soziale Hierarchien als natürlich erscheinen. In *Principles of Psychology* (1855) wird klar, dass Spencer Frauen – aufgrund ihrer begrenzten Erfahrungen in ärmlichen Umgebungen insbesondere jene aus den unteren Schichten – und ›primitive Völker‹ für weniger intelligent hielt als ›zivilisierte‹ Männer (sie waren in dieser Hinsicht mit Kindern vergleichbar). Auch die weiblichen physischen Fähigkeiten galten ihm aufgrund des mangelhaften biologischen Erbes, das sich aus einer geringen Nutzung über viele Generationen ergab, als dauerhaft unterentwickelt (z.B. Spencer 1895 [1855]-b: Teil IX, Kap. 3). Spencer betrachtete diesen Prozess einer die Evolution antreibenden Wechselwirkung zwischen Umwelt, Anatomie und Verhalten als endlich. Er würde seinen Höhe- und Endpunkt in einer Gesellschaft erreichen, in der jedes Individuum den Platz einnimmt, für den es perfekt angepasst ist (z.B. ibid.: Teil IX, Kap. 5; Spencer 1964: Teil III, Kap. 13).

Diese Art von Fortschrittsglaube konnte gegen jene ins Feld geführt werden, die in der Evolutionstheorie einen Angriff auf die moralische Natur des Menschen sahen. Der Mensch hatte sich durch die Wirkungen individueller Anstrengung aus tierischen Vorläufern entwickelt, und dieser Prozess konnte als Ausdruck eines göttlichen Plans verstanden werden. Spencer lieferte auch eine evolutionäre Erklärung für soziale Instinkte und für einen moralischen Sinn, die derjenigen Darwins ähnlich war, insbesondere in den Ausgaben von *The Principles of Psychology*, welche nach *The Descent of Man* (1871) erschienen. Spencer und Darwin waren sich einig, dass die niederen Instinkte durch den Mechanismus der Vererbung erworbener Eigenschaften entstanden waren, und beide sahen im Mechanismus der Gruppenselektion einen Antrieb für die Ausformung der höchsten Instinkte, der Sozialität und Moral. Sie hatten allerdings unterschiedliche Erklärungen für den Ursprung der höheren Instinkte. Während Darwin in *The Descent of Man* (1871) in kleinen, spontan auftretenden und erblichen Variationen der niederen Instinkte den wichtigsten Faktor sah, betonte Spencer die Rolle des Willens gepaart mit der Vererbung erworbener Eigenschaften (z.B. Spencer 1895 [1855]-a: Teil IV; Spencer 1895 [1855]-b: Teil IX, Kap. 5–8).

Spencer unterschied zwischen dem, was er als eine direkte Gleichgewichtseinstellung (*equilibration*) bezeichnete – ein adaptiver Prozess, in dem der Organismus oder das Organ sich ändert, weil die Kräfte sich ändern, die darauf einwirken –, und einer indirekten Gleichgewichtseinstellung, die er mit der natürlichen Selektion Darwins gleichsetzte. Während bei den weniger komplexen und passiveren Organismen die natürliche Selektion die Hauptursache für die Anpassung der Strukturen an äußere Umstände sei, spiele sie auf der Ebene menschlicher Komplexität nur noch zwischen Gesellschaften, aber nicht mehr zwischen Individuen derselben Gesellschaft. Beim Menschen resultierten Veränderungen fast ausschließlich aus dem Verhalten, da die natürliche Selektion daran gehindert werde, die weniger Angepassten zu beseitigen. Obwohl Spencer den Ausdruck *survival of the fittest* für die darwinsche Evolutionstheorie prägte, war es also der Mechanismus der Vererbung erworbener Eigenschaften, der im Mittelpunkt seiner synthetischen Philosophie stand (z.B. Spencer 1864: Teil III, Kap. 11–13).

Sowohl Darwin als auch Spencer waren von der Gesellschaftstheorie des politischen Ökonomen Thomas Malthus inspiriert. In seinem einflussreichen *Essay on the Principle of Population* (1798) hatte dieser postuliert, dass die natürliche Fortpflanzungsrate einer Population zu exponentiellem Wachstum führen müsse, wenn nicht die Knappheit von Ressourcen wie Nahrung dieser Vermehrung Schranken setze. Die Mitglieder einer Population stünden deshalb in einem Konkurrenzkampf. Diese Überlegungen halfen Darwin bei der Formulierung seiner Theorie der natürlichen Selektion. Malthus' Ideen zur Entwicklung von Gesellschaften in Abhängigkeit von der wirtschaftlichen Produktion sind in der damaligen *Laissez-faire*-Philosophie Großbritanniens anzusiedeln. In ökonomischen Theorien wurde postuliert, dass ein vom Staat absolut unregulierter Markt durch die egoistischen Anstrengungen jedes Individuums, sein Glück – sprich seinen Reichtum – zu maximieren, automatisch zum größtmöglichen Glück jedes Bürgers führen würde (Utilitarismus). In den 1830er Jahren wurden daher auch die Gesetze, die die sozial unterste Schicht betrafen, verschärft. Man war der Ansicht, dass Unterstützung der Bedürftigen durch den Staat nur deren Eigeninitiative unterbinden würde.

Auch in Spencers umfassendem System der sozialen und biologischen Evolution war Fortschritt nur unter Bedingungen der Konkurrenz um begrenzte Ressourcen möglich. Aber wie Peter Bowler argumentiert hat, bestand für Spencer der Hauptzweck einer Gesellschaft des freien Unternehmertums nicht darin, die

Schwachen zu beseitigen. Vielmehr sollte der gnadenlose Wettbewerb alle Mitglieder der Gesellschaft von Faulheit kurieren und zur Höchstleistung antreiben. Dass auf Versagen Leid folgt, sollte ein Anreiz sein, sich mehr anzustrengen. Natürlich ließ Spencers Betonung der Selbstbestimmung die bestehende soziale Hierarchie als gerecht erscheinen. Und dies galt analog auch für die Hierarchie der ›Rassen‹, da der Entwicklungsstand jeder ›Rasse‹ die vereinten Leistungen oder das Versagen ihrer einzelnen Mitglieder widerspiegelte. Spielarten des Lamarckismus waren im Großbritannien der letzten Jahrzehnte des 19. Jahrhunderts also auch deshalb weit verbreitet, weil sie das perfekte Pendant zur Philosophie des sozialen Fortschritts durch Anstrengung darstellten. Obwohl viele der natürlichen Selektion im Evolutionsprozess wenigstens die Rolle zugestanden, die Schwachen zu eliminieren, konnte der Mechanismus die Entstehung des Neuen und damit die Funktionsweise des Fortschritts nicht erklären: »The Darwinian revolution [...] ended not with the destruction of traditional morality, but with the establishment of a modernized version of the liberals' faith in hard work as the key to personal and social improvement.« (Bowler 1989b: 158)

1.1.2 Die ›deutschen Darwins‹

Wie wir gesehen haben, war die Rekapitulationstheorie neben dem Konzept der Vererbung erworbener Eigenschaften eine tragende Säule der Fortschrittstheorien. Da die individuelle Entwicklung einem vorbestimmten Muster von einfach zu komplex und von Homogenität zu Heterogenität folgte, konnte dasselbe für die Evolution der Arten angenommen werden. Diese Vorstellung fand auch in der Orthogenese Ausdruck, also der Idee, dass die Evolution im Erbgut festgelegten Entwicklungstrends folgt, die sich unabhängig von der Umwelt entfalten. Obwohl Evolution in den 1890er Jahren kaum mehr theistisch begründet wurde, prägten orthogenetische und lamarckistische Theorien die Gelehrtenwelt Großbritanniens weitaus stärker als das, was wir heute unter Darwinismus verstehen. Die mit Letzterem assoziierte Vorstellung einer ziel- und sinnlosen Natur fand aber auch in anderen nationalen Kontexten keinen fruchtbaren Boden.

Darwins Werk wurde international entsprechend den lokalen wissenschaftlichen und sozialen Voraussetzungen aufgenommen (z.B. Glick 1988 [1874]; Numbers/Stenhouse 1999). In Amerika dominierte der sogenannte Neolamarckismus, wie er in den späten 1860er Jahren federführend von dem Paläontologen Edward Drinker Cope entwickelt wurde, wobei die Analogie zur Embryologie ein Herzstück bildete (Gould 1977).[6] Auch in Frankreich triumphierten lamarcksche Spielarten des Evolutionismus. In Frankreich begegnete die Mehrheit der Biologen der Evolutionstheorie mit Misstrauen, und dieser Widerstand vonseiten der wissenschaftlichen Gemeinschaften begann erst in den 1870er und 1880er Jahren zu bröckeln. In Anbetracht der Tatsache, dass Frankreich solch große Evolutionisten (die damals meist Transformisten genannt wurden) wie Comte de Buffon, Étienne Geoffroy Saint-Hilaire und Lamarck vorzuweisen hatte, ist diese Verzögerung verblüffend. Von WissenschaftshistorikerInnen wird zur Erklärung hierfür die politische Situation ebenso angeführt wie die institutionelle Macht von Cuviers Schule am Muséum d'Histoire Naturelle und an der Académie des Sciences, deren Exponenten in ihrem Kampf gegen den Evolutionismus nicht nur von ihrer wissenschaftlichen Überzeugung ausgingen, sondern auch von religiösen und ideologischen Motiven geleitet wurden (Grimoult 2001: Kap. 5). Als sich das politische Klima jedoch nach der Herrschaft von Napoleon III. veränderte und die Idee der Evolution der Arten an Wichtigkeit gewann, wurde der französische Evolutionismus eine Waffe in der Hand von SozialreformerInnen.

Der lamarcksche Evolutionismus diente wissenschaftlichen MaterialistInnen und radikalen RepublikanerInnen der jungen Dritten Republik (1871–1939) zur theoretischen Untermauerung eines nicht-aggressiven Nationalismus und des Antiklerikalismus sowie als Argument für soziale Reformen. Durch die ihm innewohnenden Möglichkeiten des Fortschritts wurde der Neolamarckismus zum theoretischen Unterbau in politischen, wirtschaftlichen, kriminologischen und pädagogischen Schriften. Er erlaubte es, die menschliche Natur und Gesellschaft als durch äußere Einflüsse formbar und somit offen für fast unbegrenzte Entwicklungsmöglichkeiten zu sehen. Die Kirche wurde als Haupthindernis für den Fortschritt angeprangert, da sie so verderbliche Eigenschaften wie den Terror der Sünde in die Biologie der FranzösInnen eingeschrieben habe. Zudem sei sie für die Degeneration der Vernunft verantwortlich, weil diese aufgrund der Macht der Kirche über die Bildung während Generationen nicht genutzt worden sei. Im Mittelpunkt stand die Hoffnung, die Evolution könnte durch die kontrollierte Entwicklung der menschlichen Lebensumstände gesteuert werden. Zu einer aufklärerischen Haltung gesellte sich hier die Überzeugung, dass die Veränderungen, welche sich in einem Individuum in der Auseinandersetzung mit der Umwelt einstellen, biologisch vererbbar seien. Bessere soziale Bedingungen würden so den Menschen vervollkommnen. Ende der 1880er Jahre bildete diese Vorstellung die Grundlage für eine Reformbewegung, die bessere Arbeitsbedingungen und bessere Ernährung forderte und mehr Gleichberechtigung der Geschlechter in der Bildung sowie einen Wandel im Strafwesen verlangte (Persell 1999: Kap. 6).

Auch in Deutschland kam es zu Übertragungen von dem biologischen Evolutionsgedanken auf die Gesellschaft und umgekehrt. Allerdings bekannten sich die beiden wichtigsten Exponenten Haeckel und Carl Vogt – die die Evolutionstheorie auch auf den Menschen anwandten – zum Darwinismus, obwohl Haeckel Lamarcks und Darwins evolutionäre Theorien zu einem progressiven Modell verschränkte. Vogts Integration des Menschen in die darwinsche Evolutionstheorie brachte ihm den Namen ›Affenvogt‹ ein. Er hatte sich dem naturwissenschaftlichen Materialismus verschrieben und bekämpfte jene Wissenschaftler (wie den Göttinger Physiologen Rudolf Wagner), die am biblischen Schöpfungsbericht festhielten. Bereits in der ersten Vorlesung seiner *Vorlesungen über den Menschen, seine Stellung in der Schöpfung und in der Geschichte der Erde* (1863) schimpfte er über die konservative Haltung der ›Pfaffen‹ gegenüber den neuesten Einsichten der Anthropologie, die dem Bibeltext widersprachen. Er argumentierte gegen die Annahme einer unsterblichen Seele und betrachtete den Menschen als Teil des Tierreichs – eine Betrachtung, die er mit behelfsmäßigen Zwischengliedern stützte.

Im ersten Band seines Werks verglich Vogt Messungen an Schädel, Gehirn und Skelett zeitgenössischer Menschentypen und beschrieb die Unterschiede und Ähnlichkeiten zwischen Menschen und Affen. Er verglich den Affen mit dem ›Neger‹ und kam zu dem Schluss, dass es sich bei Letzterem um einen Missing Link, also um ein Bindeglied zwischen Menschenaffen und höheren ›Menschenrassen‹, handle. Auch die Frauen verringerten nach Vogt die vermeintliche Kluft zwischen Affe und Mensch, denn sie stünden in bestimmten anatomischen Merkmalen den ›niederen Rassen‹ und höheren Tieren nahe. Es war schließlich auch Vogt, auf den sich Darwin in seiner Behandlung der ›Mikrozephalen‹ als Bindeglieder stützte, denn für Vogt repräsentierten Menschen, die eine Hemmung der Gehirnentwicklung aufwiesen, in dieser Hinsicht die einstige Lebensform, die aus dem Affen hervorgegangen war und sich zum Menschen entwickelt hatte. Sie waren nach Vogt in ihrer individuellen wie stammesgeschichtlichen Entwicklung auf einer früheren Stufe der Evolutionsgeschichte stehen geblieben.

Im zweiten Band der *Vorlesungen über den Menschen* behandelte Vogt zeitgleich mit Lyell und Huxley die prähistorischen Menschenfunde. Die bis zum damaligen Zeitpunkt spärlichen Fossilfunde und jüngere Knochen dienten ihm als Zwischenglieder in der anatomischen Reihe von den seiner Ansicht nach niedrigsten ›Menschenrassen‹ zu den Menschenaffen. Die im ersten Band aufgestellte Hierarchie der ›Menschenrassen‹ und die Behauptung, diese würden sich genügend stark unterscheiden, um als verschiedene Arten zu gelten, bereiteten die im zweiten Band eingeführte Theorie vor, dass sich die ›Hauptstämme‹ der Menschen aus unterschiedlichen Menschenaffen entwickelt hätten.

Vogt hatte sich in Deutschland an der Revolution von 1848 beteiligt. Er war ein vehementer Gegner nicht nur der Kirche, sondern auch der Monarchie. Er forderte die Freiheit des Glaubens sowie der Lehre und setzte sich als Rektor (1874–76) für die Reform der Universität Genf ein (Sommer 2009a). Eine ähnliche Mischung von aus heutiger Sicht rassistischer Anthropologie und sozialreformerischen Zielen findet sich auch beim zweiten ›deutschen Darwin‹ – dem großen Haeckel, mit dem ich dieses Kapitel schließe. Der in Jena lehrende Mediziner und Biologe war weitgehend für die Popularität der Evolutionslehre im deutschen Sprachraum verantwortlich. Er verteidigte diese in den Wissenschaften (gegen Rudolf Virchow und Emil du Bois-Reymond) sowie in der Öffentlichkeit und sah in der Popularisierung der Evolutionstheorie die Möglichkeit, die Biologie und die gesamte Gesellschaft von den Fesseln der Religion und insbesondere der katholischen Kirche zu befreien.

Wie Vogt und Huxley setzte sich Haeckel für eine Trennung von Kirche und Staat und besonders vehement für den Ausschluss der Kirche aus dem Bildungswesen, für die Einführung der Naturwissenschaften (speziell der Evolutionsbiologie) in den Schulunterricht und generell für eine Stärkung der Naturwissenschaften ein. Für Haeckel sollten Letztere nicht nur Philosophie und Religion als die Instanz zur Orientierung in der Welt ersetzen; die Politik sollte darüber hinaus auf der Anwendung biologischen Wissens aufbauen. Wie für viele ZeitgenossInnen war die Evolutionstheorie also auch für Haeckel Weltanschauung. Sie lag allem zugrunde. Sie sollte die Wissenschaften einen und die Weltsicht des gemeinen Bürgers bestimmen.

Allerdings übernahm Haeckel nicht alle Aspekte der darwinschen Theorie, denn für ihn blieb die Evolution eine gerichtete Entwicklung, die dazu prädestiniert war, im Menschen zu gipfeln. Die deutsche Naturphilosophie betrachtete die zweckmäßige und gerichtete Evolution der Organismen als Folge der Embryonalentwicklung, die ihre vorgegebenen Stadien durchlief. Und für Haeckel war die Ontogenese eine komprimierte und beschleunigte Wiederholung der Entwicklung einer Art (Biogenetisches Grundgesetz). Die Phylogenese sei die mechanische Ursache der Ontogenese, weshalb Untersuchungen zur Stammesgeschichte einer Art der Suche nach den ontogenetischen Gesetzen gleichkämen (z.B. Haeckel 1874: »Vierter Vortrag. Die ältere Stammesgeschichte. Jean Lamarck«, 55–72). Haeckel selbst war es, der die Begriffe *Phylogenese* und *Ontogenese* prägte. In seinen Werken *Generelle Morphologie der Organismen* (1866) und *Natürliche Schöpfungsgeschichte* (1868) wendete er die Evolutionstheorie auf das gesamte biologische Klassifikationssystem an. In einer Evolutionstheorie, die eine Synthese aus Darwinismus und Lamarckismus darstellte, sah er die Entfaltung des Lebens hin zum Menschen begründet.

Haeckel hielt Darwins Entscheidung für klug, bei der Einführung seiner Theorie den Menschen außen vor zu lassen, um ihre

Anwendung auf Tiere und Pflanzen ohne die zermürbenden Diskussionen über die menschliche Herkunft zu ermöglichen. Die Ausweitung auf den Menschen, wie Haeckel sie schwergewichtig in seiner *Anthropogenie oder Entwicklungsgeschichte des Menschen* (1874) vornahm, schien aber unvermeidlich, da die Evolution ein allgemeingültiges Naturgesetz darstelle, das durch Induktion entdeckt und durch Befunde der Paläontologie und der Geologie erhärtet worden war. Eine allmähliche, schrittweise Entwicklung der anorganischen und der organischen Welt galt Haeckel als erwiesen. Die Zahl der Arten hatte offensichtlich zugenommen, und die Organismen waren komplexer geworden, was sich etwa an der Reihe ›niedere Fische – höhere Fische – Amphibien – Reptilien – Vögel – niedere Säugetiere – höhere Säugetiere‹ illustrieren ließ. Nach Haeckel konnte mit den Methoden der vergleichenden Anatomie aufgezeigt werden, dass die strukturellen Ähnlichkeiten zwischen Organismen durch das Konzept der Vererbung erklärt werden müssen, während die oberflächlichen Unterschiede zwischen Organismen über die Anpassung an die Umwelt zustande kommen. Neue Arten würden durch Migration, Isolation und Anpassung an die Umgebung entstehen, weshalb die Tiere Organe besäßen, die sie nicht mehr benötigten. So konnte neben der Embryologie, der Paläontologie, der Geologie und der vergleichenden Anatomie das Wissen aus der Systematik, der Biogeografie und Ökologie (Parasiten, elterliches Verhalten etc.) die Deszendenztheorie stützen und gleichzeitig durch diese erklärt werden (Haeckel 1874: »Fünfter Vortrag. Die neuere Stammesgeschichte. Charles Darwin«, 73–92).

Die Berücksichtigung der Erkenntnisse aus verschiedenen wissenschaftlichen Bereichen mache auch deutlich, dass die dreifache Parallelität zwischen Embryologie, Phylogenie und Systematik nur durch eine Theorie der divergierenden Abstammung hinreichend erklärt werden könne. Würde man allein die individuelle Entwicklung oder die Evolution einer Art in Betracht ziehen, so wäre das Ergebnis eine gerade Linie aus organischen Formen. Vergleiche man dagegen die embryonale und die phylogenetische Entwicklung verschiedener Arten, so gelange man zu einer mit dem Klassifikationssystem kongruenten Baumstruktur (Haeckel 1868: »12. Vortrag. Entwickelungsgesetze der organischen Stämme und Individuen. Phylogenie und Ontogenie«). Diese, wie wir gesehen haben, weit verbreitete Betrachtung ist wichtig, weil sie unter anderem die Aufrechterhaltung einer Stufenleiter von Wesen neben einer diversifizierenden Evolution erlaubte. Auch wenn Haeckel sich selbst als überzeugten Darwinisten sah, führte sein ausgeprägtes Fortschrittsdenken ihn doch dazu, einen Baum des Lebens aufzustellen, der einen Hauptstamm aufwies, an dessen Spitze der Mensch stand.

Aber Haeckel entwickelte nicht nur eine synthetische Theorie der Evolution und Phylogenien, er malte diese auch zu echten Stammes*geschichten* aus – von der Monere bis zum Menschen –, die großen Einfluss auf spätere AnthropologInnen hatten. Da er die asiatischen Menschenaffen (Gibbon und Orang-Utan) als den Menschen am ähnlichsten ansah, dachte Haeckel, dass die ersten Hominiden einst im Süden Asiens entstanden sein mussten, möglicherweise auf einem nun im Indischen Ozean versunkenen Kontinent. Später ließen neue geologische Erkenntnisse diese Vorstellung unwahrscheinlich erscheinen, und Haeckel postulierte stattdessen Indien als Geburtsstätte der Menschheit, insbesondere die Himalayaregion. In Übereinstimmung mit dieser Hypothese behauptete er, dass die UreinwohnerInnen von Ceylon, dem heutigen Sri Lanka, – die Weddas – die primitivsten lebenden Menschen seien, und sah in ihnen die Verbindung zu den höchsten Affenarten. Sie könnten deshalb als Modell für die frühesten menschlichen Formen dienen.

Für sein Szenario der menschlichen Evolution stützte sich Haeckel stark auf die Philologie (die er *vergleichende Anatomie der Sprache und Ontogenie und Phylogenie der Sprache* nannte). Aus der Analogie zur Sprachevolution heraus entwarf er ein hypothetisches Bindeglied zwischen asiatischen Affen und menschlichen ›Wilden‹, den *Pithecanthropus* oder *Homo primigenius.* Diese auch als *Alali* bezeichneten Urmenschen seien sprachlos gewesen. Ebenfalls auf der Basis der Sprachanalogie ging Haeckel so weit, zu behaupten, dass die lebenden Menschentypen aus verschiedenen *Pithecanthropi*-Vorläufern entstanden seien. Vergleichende philologische Studien, nach denen die gängigen Sprachen nicht auf einen gemeinsamen Ursprung zurückgeführt werden konnten, galten Haeckel als Beleg für den Polygenismus. Aus den Urmenschen oder Affenmenschen entwickelten sich so die menschlichen Untergruppen der *Lissotrichi* (Geradhaarige) und der *Ulotrichi* (Wollhaarige), die sich über die Erde verteilten und in verschiedene Äste gabelten; der indogermanische Ast galt Haeckel als Nebenzweig der Lissotrichi. Obwohl dieses Szenario einen gemeinsamen Ursprung der Menschheit weit zurück in der Vorgeschichte voraussetzte, betrachtete Haeckel die lebenden menschlichen Typen in der Tat als verschiedene Arten, die gar in verschiedene Gattungen eingeteilt werden konnten. Die menschlichen Arten hatten die Merkmale, die sie von den Tieren unterscheiden, in der Evolutionsgeschichte nicht nur ungleichzeitig entwickelt, sondern sie bis zur Gegenwart auch in unterschiedlichem Ausmaß perfektioniert (z.B. ibid.: »19. Vortrag. Ursprung und Stammbaum des Menschen«).

In einer idiosynkratischen Interpretation von Darwins Selektion zwischen Stämmen (die bei Darwin wie bei Spencer auf prähistorische Zeiten beschränkt war) rechtfertigte Haeckel den zeitgenössischen Imperialismus und Völkermord als natürliche Prozesse, welche die menschliche Evolution seit Urzeiten angetrieben hätten. Aus dieser Perspektive hing der Fortschritt der menschlichen Anatomie und Kultur von der Verdrängung ›niederer‹ durch ›höhere‹ Menschenarten ab – und zwar von den prähistorischen Zeiten bis in seine Gegenwart. Haeckel behauptete, dass die wollhaarigen Arten nicht fähig seien, eine Hochkultur zu entwickeln, und dass es deshalb den ›mittelländischen Arten‹ – insbesondere der ›indogermanischen Rasse‹ – vorbehalten sei, mittels ihrer hohen Intelligenz und Zivilisiertheit ihre Herrschaft über den ganzen Globus auszudehnen. Haeckel prophezeite, dass die Arten der gemäßigten Zonen die weniger entwickelten Arten von Menschen überall ausrotten würden, außer in den unwirtlichen tropischen und polaren Regionen. Diesen Prozess sah er mit Blick auf die amerikanischen und australischen Ureinwohner, auf die ›Hottentotten‹ und Papuas und andere indigene Gruppen bereits im Gange (siehe auch Haeckel 1898 [1868]: »28. Vortrag. Wanderung und Verbreitung des Menschengeschlechts. Menschenarten und Menschenrassen«, 729–765).[7]

1.2 Gesellschaften, Greifzirkel und Schädel

Evolutionäre Anthropologie ist kein Pleonasmus, denn wir werden am Beispiel der Institutionalisierung der Anthropologie insbesondere in England und Frankreich sehen, dass Anthropologie als Rassenanthropologie auch andere Ziele verfolgen und eine nicht-evolutionäre Perspektive einnehmen konnte. In den jungen Institutionen begegneten sich daher oft die neuen und die traditionelleren Herangehensweisen aus Ethnologie und physischer Anthropologie, und die evolutionäre Anthropologie musste sich gerade als integrative Perspektive auf Kulturen sowie Biologien erst durchsetzen, auch wenn sie von den bereits vorhandenen Methoden, Sammlungen, Organisationen und Publikationsorganen profitierte. Die dominanten Akteure in der Entwicklung eines physisch-anthropologischen Instrumentariums und der Etablierung der Anthropologie hatten oft polygenistische Überzeugungen. Und im zweiten Teil dieser Einführung wird noch stärker als bereits mit den Beispielen von Vogt und Haeckel zutage treten, dass Aspekte des polygenistischen Denkens in die evolutionäre Schau übernommen wurden und bis weit ins 20. Jahrhundert erhalten blieben. Erst einmal gilt es aber zu betrachten, in welche bereits vorhandenen wissenschaftlichen Systeme die neuen Objekte – die vorgeschichtlichen Spuren des Menschen in Form von Werkzeugen und Knochen – eingefügt wurden.

1.2.1 Die Vermessung des Menschen und die Institutionalisierung einer evolutionären Anthropologie

Die physische Anthropologie des 19. Jahrhunderts war geprägt durch die vergleichende Messung von Schädeln, deren Ziel es war, eine Typologie der zeitgenössischen ›Menschenrassen‹ zu etablieren. Selbstverständlich gibt es die physische Anthropologie nicht erst seit dem 19. Jahrhundert, und Versuche, eine Rassentaxonomie aufzustellen, reichen bis ins Zeitalter der Entdeckungen zurück, das sowohl die komparative Morphologie als auch den Vergleich der Kulturen hervorbrachte. Die Anthropometrie als die Wissenschaft der Vermessung von lebenden und toten Körpern tritt aber um die Wende vom 18. zum 19. Jahrhundert in Erscheinung; sie sollte die Körper- und Skelettmerkmale bei verschiedenen Altersstufen, Geschlechtern und ›Rassen‹ exakt erfassen. Die Schädelmorphologie von Johann Friedrich Blumenbach könnte als Beginn einer physischen Anthropologie verstanden werden, bei der die innermenschliche Differenzierung im Zentrum des Interesses stand. Aber Blumenbachs Vorgehen war noch nicht instrumentell-vermessend. Es waren frühe physische Anthropologen wie Petrus Camper, die mithilfe ihrer anatomischen, zoologischen und medizinischen Expertise quantitative Methoden zur Identifikation und Klassifikation von ›Menschenrassen‹ etablierten.

Dies stieß weitreichende Bemühungen an, Schädel für die Rassentaxonomie zu nutzen, und zwar durch eine Verbindung von neuen Instrumenten – wie Greifzirkel, Kraniometer, Goniometer, Kraniograph – mit mehr oder weniger standardisierten Messungen, Indizes und Winkeln sowie mit großen Sammlungen als Grundlage (z.B. Shapiro 1959: 371–375; Hanke 2007). Diese Bemühungen sowie die Kontroversen zwischen Monogenisten und Polygenisten, die ebenfalls weit in die Geschichte des europäischen Expansionismus zurückreichen, erreichten in der ersten Hälfte des 19. Jahrhunderts ihren Höhepunkt. Ich werde auf diese Bemühungen und deren Verknüpfung mit dem Polygenismus etwas genauer eingehen müssen und tue dies anhand von Samuel George Morton und Broca, deren empirisch-quantitative Analyse einer großen Anzahl von Schädeln – wie auch die Untersuchungen von Anders Adolf Retzius in Schweden, James Hunt in England und Rudolf Virchow in Deutschland – von zentraler Bedeutung für die Entwicklung der Werkzeuge war, die später auch auf fossile Menschenfunde angewandt wurden.

Obwohl Darwin gehofft hatte, dass der Triumph der Evolutionstheorie das Ende des Polygenismus bedeuten würde, wurden bis in das 20. Jahrhundert hinein immer wieder Varianten dieser Theorie vertreten (Darwin 1871: Kap. 7, besonders 235, 249–251). Vor der Veröffentlichung von *On the Origin of Species* (1859) war der Monogenismus durch die wachsende Datenmenge aus vergleichenden Messungen von Menschenschädeln ernsthaft infrage gestellt worden. Der Amerikaner Morton spielte hier eine nicht unwichtige Rolle. Bereits in *Crania Americana* von 1839 stellte der Polygenist Morton neue kraniometrische Instrumente vor, die er selbst entworfen hatte, und er unterteilte Blumenbachs fünf Menschentypen in 22 Familien. Insbesondere Studien zu ägyptischen Schädeln wie Mortons *Crania Aegyptiaca* 1844 deuteten darauf hin, dass die unterschiedlichen menschlichen Typen bereits existiert hatten, als sie sich in die verschiedenen Teile der Welt begaben. Für die monogenistisch-kreationistische Interpretation bedeutete die lange Geschichte einer solchen Vielfalt an ›Rassetypen‹ entweder, dass der Mensch sich nach seiner Erschaffung sehr rasch diversifiziert und dann eine Phase der Stagnation erlebt hatte, oder dass die aus der Bibel abgeleitete Chronologie falsch war.

Morton war in Edinburgh als Arzt ausgebildet worden und wurde dort in die Phrenologie eingeführt. Tatsächlich hatte die Blütezeit der physischen Anthropologie einiges der Phrenologie zu verdanken, welche die geistigen Eigenschaften von Menschen an der Schädelform abzulesen versuchte. Hinter diesen Praktiken stand ein mechanistisches Verständnis des Gehirns als ein in Abteilungen organisiertes Organ des Geistes. Die Phrenologie wurde von den deutschen Ärzten Franz Gall und Joseph Spurzheim sowie vom schottischen Anwalt George Combe erfunden und verbreitet. Gall besuchte Schulen, Gefängnisse und ›Irrenanstalten‹, um die Zusammenhänge zwischen der Kopfform und besonderen Begabungen oder bestimmten Veranlagungen zu ermessen. Die phrenologische Bewegung begann im frühen 19. Jahrhundert und erreichte ihren Höhepunkt in den 1820er und 1830er Jahren. In den 1840er Jahren nahm ihre Bedeutung wieder ab, da zum religiösen Widerstand gegen die mechanistische Interpretation des menschlichen Geistes wissenschaftliche Einwände hinzukamen, die unter anderem gegen den Mesmerismus, den animalischen Magnetismus und andere Aspekte des Spiritualismus gerichtet waren, mit denen die Phrenologie zunehmend in Verbindung gebracht wurde. Aber zum Erbe, das die Phrenologie der physischen Anthropologie hinterließ, gehörten kraniometrische Instrumente und Maße sowie eine Fokussierung auf Vererbung und fixe ›Rassen‹- und Klassenhierarchien, die mittels Schädelmessungen sichtbar gemacht werden sollten.[8]

Als Morton nach seiner Einführung in die Phrenologie in Amerika als Arzt praktizierte, stellte er eine Sammlung von Schädeln zusammen, die bei Anthropologen in ganz Europa bekannt wurde. Morton wurde schließlich zur Leitfigur der sogenannten American School of Anthropology, in welcher die stärksten Befürworter des Polygenismus zu finden waren. Der Glaube an eine ursprüngliche Vielfalt der Menschen konnte unter anderem zur Rechtfertigung der Sklaverei angeführt werden, und die Mitglieder der American School of Anthropology unterstützten vor dem Amerikanischen Bürgerkrieg mehr oder weniger explizit die Sklaverei in den Südstaaten (Gould 1996 [1981]: 50–68, 69–72).

Der einflussreichste Polygenist Frankreichs war Broca. Er verfügte über fundierte Kenntnisse in Physik und Mathematik, erfand viele Prototypen anthropologischer Instrumente für vergleichende Messungen und definierte einen guten Teil der anthropometrischen Standardmethoden (ibid.: Kap. 3). Während diese Erfindungen die kraniometrische Forschung anspornten, förderte die Anwendung der Statistik bei der Auswertung einer beträchtlichen Menge anthropometrischer Daten durch den belgischen Mathematiker Adolphe Quetelet die groß angelegten anthropometrischen Erhebungen, die in Europa und Amerika in der zweiten Hälfte des 19. Jahrhunderts durchgeführt wurden. Quetelet war es, der das Konzept des *homme moyen* oder des Durchschnittsmenschen einführte, und zwar auf der Grundlage einer Häufigkeitsverteilungskurve, welche zum Beispiel die durchschnittliche Größe der vermessenen Menschen und die Abweichungen von diesem Durchschnittswert zeigte (Hoyme 1953; Bowles 1974: 175–177).

Obwohl die ersten regelmäßigen Unterrichtsstunden in Anthropologie von dem Monogenisten Armand de Quatrefages am Muséum National d'Histoire Naturelle gehalten wurden, gewann Brocas polygenistisches Rassenkonzept durch die von ihm gegründeten Institutionen breite Akzeptanz: die Société d'Anthropologie de Paris (1859) und ihre *Bulletins* sowie das Laboratoire d'Anthropologie von 1868 und die *Revue d'Anthropologie* (1872, unterstützt von Paul Topinard). Die mehr philanthropisch ausgerichtete Société d'Ethnologie de Paris, die 1839 gegründet wurde, stellte ein Gegengewicht zur Société d'Anthropologie dar, die an der physischen Anthropologie und an der Etablierung einer Hierarchie von ›Rassen‹ interessiert war. Die französische ethnologische Gesellschaft beschäftigte sich fleißig mit dem Studium menschlicher Vielfalt anhand von vergleichender Sprachwissenschaft, Geografie und Geschichte – Zugänge, die in den 1850er Jahren an Bedeutung einbüßten. 1864 stellte sie ihre Aktivitäten ganz ein.

Ein weiteres Gegengewicht zur Société d'Anthropologie bildete aber der radikale Politiker und Wissenschaftler Gabriel de Mortillet, der in der Anthropologie und der Evolutionstheorie im Einklang mit der französischen lamarckschen Tradition Munition für seinen Kampf für soziale Reformen suchte. Er spielte eine aktive Rolle in der Februarrevolution von 1848 und wurde unter Napoleon II. zu einer Gefängnisstrafe verurteilt, der er im Schweizer Exil entging. 1864, zurück in Paris, wurde er Mitglied der extremen Linken in der Abgeordnetenkammer, in welcher er einen Pariser Arbeiterbezirk vertrat. De Mortillet und seine Anhänger bekämpften den Einfluss der katholischen Kirche in Bildung und Wissenschaft und gründeten zu diesem Zweck eine

Freimaurerloge wissenschaftlicher Materialisten. 1875 waren sie gemeinsam mit Broca an der Gründung der École d'Anthropologie (1876) beteiligt, wo zukünftige AnthropologInnen in anatomischer, biologischer, prähistorischer und linguistischer Anthropologie sowie in Ethnologie, Demografie und medizinischer Geografie geschult wurden. Nach Brocas Tod dominierten de Mortillets AnhängerInnen die École sogar für eine kurze Zeit (Hammond 1980).

In Deutschland wurde 1869 die Berliner Gesellschaft für Anthropologie, Ethnologie und Urgeschichte (zuerst Berliner Anthropologische Gesellschaft) gegründet, welche die *Zeitschrift für Ethnologie* als Forum für alle drei Fachrichtungen veröffentlichte. Im gleichen Jahr entstand auch in München eine solche Gesellschaft, in kurzen Abständen gefolgt von weiteren in Frankfurt, Göttingen, Kiel, Münster, Stuttgart und Württemberg. 1870 wurde dann die übergeordnete Deutsche Gesellschaft für Anthropologie, Ethnologie und Urgeschichte eingerichtet, die das *Archiv für Anthropologie* sowie das *Correspondenz-Blatt* herausgab. Sie brachte Gegner von Darwins Theorie wie Adolf Bastian und Ludwig Rütimeyer mit Darwinisten wie Haeckel, Hermann Schaaffhausen und Vogt zusammen. Zentrale Figur in dieser Entwicklung und erster Präsident der Dachorganisation war der Berliner Pathologe und Anthropologe Virchow. Unter seiner Führung organisierte die Deutsche Gesellschaft zu Beginn der 1880er Jahre eine landesweite anthropometrische Untersuchung an Schulkindern, bei der Daten zu Haaren, Haut- und Augenfarbe erhoben wurden. Wie de Mortillet in Frankreich hatte sich Virchow an der Revolution von 1848 beteiligt. Zudem war er einer der Gründer der Liberalen Partei und positionierte sich im preußischen Abgeordnetenhaus als Gegner Bismarcks. Neben zahlreichen Reformen forderte er eine Demokratisierung des Gesundheitssystems. Virchows Reformgeist ist ein weiterer

Anhaltspunkt, den Antievolutionismus – oder den Polygenismus – nicht ohne Weiteres mit politischem Konservatismus oder reaktionären Einstellungen in Verbindung zu bringen.

Die Deutsche Gesellschaft für Anthropologie setzte es sich zum Ziel, anthropometrische Messungen zu standardisieren – ein Unterfangen, das 1882 im Frankfurter Abkommen gipfelte. Die Frankfurter Horizontale, welche die Ohren-Augen-Ebene festlegte, wurde zur Standardlinie erklärt, nach der Schädel für vergleichende Messungen und Abbildungen auszurichten waren. Weitere Standardisierungen betrafen Winkel, Indizes und Volumina (Zimmerman 2001: 86–94). Außerhalb Deutschlands wurde jedoch weitgehend das französische System eingesetzt (dieses war hauptsächlich von Broca definiert worden, der die alveolo-kondyläre Ebene zur Orientierung benutzte). 1906 wurde schließlich eine internationale Einigung erzielt und in Monaco festgehalten – wobei die horizontale Linie noch immer umstritten war und folglich an dieser kraniometrischen Konferenz nicht diskutiert wurde. Trotz des Widerstands gegen den Evolutionismus innerhalb der anthropologischen Gemeinschaft wurde Deutschland gegen Ende des Jahrhunderts zu einem wichtigen Zentrum für das Studium menschlicher Fossilien in einem evolutionären Rahmen, mit hervorragenden Gelehrten wie Gustav Schwalbe an der Universität Straßburg, der 1899 die *Zeitschrift für Morphologie und Anthropologie* gründete.

In Italien war unter anderem Giuseppe Sergi ein wichtiger Exponent, der wie so viele seiner Zeitgenossen, die maßgeblich an der Institutionalisierung der Anthropologie beteiligt waren, an unabhängige Ursprünge der ›Menschenrassen‹ glaubte und an einer allgemeinen Klassifikation der Menschheit arbeitete (*Varietà umane. Principio e metodo di classificazione* 1893). Nennenswert mit Blick auf Italien ist auch, dass ab 1862 Cesare Lombroso an der Universität Pavia Anthropologie lehrte und auch Anthropometrie betrieb, womit die Verbindung zur Kriminalanthropologie gegeben ist. In seiner naturwissenschaftlich ausgerichteten Kriminologie konzipierte Lombroso den ›geborenen Verbrecher‹ als besonderen Menschentypus, den er zwischen den geistig Behinderten und den ›primitiven‹ Menschen oder auch den Menschenaffen verortete. Körperliche Merkmale wie die Schädelform wiesen für Lombroso gewisse Menschen als Atavismen aus, als Rückfälle auf eine evolutionär frühere Stufe, womit der Hang zur kriminellen Handlung am Körper ablesbar beziehungsweise messbar und die anthropologische Serie in die Kriminologie eingeführt wurde. Lombrosos *L'Uomo delinquente* (1876) wurde ins Französische und Deutsche (1887) übersetzt; obwohl es erst 1911 auf Englisch erschien, waren die höchst umstrittenen Ideen durch Havelock Ellis' *The Criminal* (1892) und Arthur MacDonalds *Criminology* (1893) in die Diskussion eingeführt worden (z.B. Strasser 2005 [1984]: Kap. 2).

In Großbritannien war die Ethnologische Gesellschaft 1843 wie in Frankreich und Amerika von Philanthropen gegründet worden, die sich hauptsächlich mit der Philologie, der Geschichte und der Geografie beschäftigten. Zunächst wurden Personen wie der Anatom Robert Knox, ein wichtiger Gestalter des britischen ›Rassenbewusstseins‹ (*Races of Man* 1850), aus ihren Reihen ausgeschlossen. Knox war überzeugt, dass eine Mischung der ›Rassen‹ so unnatürlich sei, dass es für ›Hybriden‹ unmöglich wäre, sich zu etablieren. Er illustrierte dies am Beispiel der ausbleibenden Integration zwischen den Angelsachsen und den Iren. ›Macht ist Recht‹ (*might is right*) war in Knox' Einschätzung das einzige Gesetz, welches das Zusammenleben von ›Rassen‹ regelte. Mit dem Eintritt einer neuen Generation von Anthropologen, die sich stärker mit ›Rasse‹ beschäftigten, verschoben sich in der Ethnologischen Gesellschaft die Kräfteverhältnisse, und dies machte den Beitritt von Knox möglich. 1863 führte Knox'

Verbündeter Hunt diese neue Generation aus der Ethnologischen Gesellschaft hinaus und gründete die rivalisierende Anthropological Society of London, die Brocas Gesellschaft in Paris nachempfunden war. Während ihres kurzen Bestehens (1863–70) veröffentlichte die Anthropologische Gesellschaft in ihren *Memoirs* und in der *Anthropological Review* rassistisches Material. Die Gesellschaft interessierte sich für Techniken der Kraniologie wie Mortons Bestimmung des Gehirnvolumens, und es wurde eine einfache Hierarchie der ›Rassetypen‹ erstellt, die mithilfe von Retzius' dolicho- und brachycephalen Indizes (dem Länge-Breite-Verhältnis des Schädels) und Campers Gesichtswinkel, der den Grad der Progenie (und damit ›Primitivität‹) anzeigte, verfeinert wurde (Bowler 1989b: 109–112).

Liberale Denker wie der bedeutende Anthropologe Edward Tylor blieben der Ethnologischen Gesellschaft treu. Unter ihnen waren zahlreiche Darwinisten. Einige der Mitglieder des sogenannten X-Club, darunter der vergleichende Anatom George Busk, Hooker, Huxley, John Lubbock und Spencer, die daran interessiert waren, den Darwinismus auf den Menschen anzuwenden, gehörten der Ethnologischen Gesellschaft an. Alles in allem distanzierte sich die Ethnologische Gesellschaft von ihrem reaktionären anthropologischen Gegenstück. Die Anthropologische Gesellschaft war von Polygenisten geprägt, die eine Hierarchie von Affen über die nicht-weißen ›Rassen‹ zu den Europäern aufstellten und dem britischen Empire wissenschaftliche Legitimation verschafften. (Sie unterstützten sogar das Massaker des Gouverneurs John Eyre in Jamaika 1865 und die Konföderation im Amerikanischen Bürgerkrieg.) Im Gegensatz dazu argumentierte die Ethnologische Gesellschaft – obwohl sie die ›europäische Rasse‹ als höchste betrachtete – weder für die Sklaverei noch für den Kolonialismus. Sie nahm eher eine paternalistische Haltung gegenüber anderen ›Rassen‹ ein. Es ist spekuliert worden, dass die auf dem Polygenismus basierende Politik der Anthropologischen Gesellschaft Teil von Darwins Motivation gewesen sei, *The Descent of Man* (1871) zu schreiben (Graves 2001: 60–62).

Nach Hunts Tod wurde 1871 durch Huxleys Vermittlung ein Zusammenschluss der beiden Gesellschaften unter dem neuen Namen Anthropological Institute of Great Britain and Ireland möglich. Huxley wurde der erste Präsident der neuen Institution, die das *Journal of the Anthropological Institute of Great Britain and Ireland* (1872–1906) und *Man* (1901–94) herausgab. Der Erfolg von Lubbocks Gruppe bei der Zurückdrängung der Anthropologischen Gesellschaft bedeutete letztlich eine Wende hin zur Integration der darwinschen Evolutionstheorie in die Anthropologie. Als Erbe der Anthropologischen Gesellschaft blieb aber ein Interesse für die Verbindungen zwischen ›Rasse‹ und Kultur bestehen. Explizite politische Zielsetzungen wurden im neuen Institut zwar vermieden, die Politik schlich sich jedoch immer wieder über implizite Annahmen in rassische und kulturelle Theorien ein. Darüber hinaus war sich das Institut sicher, dass seine Mitglieder grundlegende Informationen bereitstellen könnten, aus denen politische Entscheidungsträger schöpfen würden, so, wie das Board of Ordnance auf das Fachwissen von Geologen zurückgriff. Rassentaxonomie auf einer morphologischen Grundlage wurde als Mittel zur Bestimmung von sozialem und psychologischem Potenzial angesehen und die Anthropologie dementsprechend als eine praktische Wissenschaft mit Anwendungsmöglichkeiten in der Politik. Am deutlichsten wurde dies in der Arbeit des Arztes John Beddoe, der von 1889 bis 1891 Präsident des Instituts war und die ›rassische‹ Zusammensetzung der britischen Bevölkerung zu beschreiben versuchte, sowie bei Darwins Cousin, dem Biometriker Francis Galton, der ein Forschungsprojekt zum Wachstum von Schulkindern durchführte (Van Keuren 1982: 68–80).[9]

Wie Vogt und sein französischer Kollege Topinard (*L'Anthropologie* 1876) glaubte Beddoe, dass die Unterschiede zwischen den ›Menschenrassen‹ zwar als Anpassungen an verschiedene Umgebungen durch die natürliche Selektion zustande gekommen seien, dass aber schließlich stabile Typen entstanden seien, die sich ihrer Umwelt nicht mehr anpassen (*The Races of Britain* 1885). Trotz der evolutionären Ausrichtung blieben diese Anthropologen also in der Nähe eines polygenistischen Denkens. Selbst Wallace verknüpfte den Mono- mit dem Polygenismus, wenn er behauptete, die ›Menschenrassen‹ hätten lange unabhängige Abstammungslinien und die Typen seien bereits ausdifferenziert gewesen, als volle Menschlichkeit (resp. hohe kognitive Fähigkeit) erreicht wurde. Wallace meinte, dass die natürliche Selektion danach keinen Einfluss mehr auf körperliche Merkmale gehabt habe, da diese durch die Kultur abgeschirmt gewesen seien (Wallace 1864). Die Typen konnten allerdings durch Vermischung verändert werden, und den Anthropologen war bewusst, dass sie es nicht mit reinen ›Rassen‹ zu tun hatten, sondern mit Amalgamen. Da aber galt, dass ›rassische‹ Eigenschaften stabil von den Eltern an die Nachkommen weitergegeben werden, schien die ›rassische Zusammensetzung‹ von Menschen(-gruppen) anthropometrisch und anhand von Haut- und Haartypen identifizierbar (Stocking 1968: Kap. 3; Stepan 1982: Kap. 4).[10]

Die Beschäftigung der Anthropologen des 19. Jahrhunderts mit Rassenklassifikation brachte bis zur Wende zum 20. Jahrhundert umfassende Systeme moderner ›Rassetypen‹ hervor (z.B. Ripley 1899). Gleichzeitig führte diese Arbeit an den ›Rassen‹ zur Angst vor der ›rassischen Degeneration‹ und zur Suche nach ›wissenschaftlichen‹ Lösungen für das Problem des diagnostizierten ›Rassezerfalls‹. Der Pionier auf diesem Gebiet war Galton. Auf der Grundlage einer großen Menge von biografischen

Daten, vorzugsweise aus publizierten Familiengeschichten, beabsichtigte er in seinem Buch *Hereditary Genius* (1869), die Erblichkeit einer genialen Veranlagung zu beweisen, worunter er eine außergewöhnlich hohe geistige Fähigkeit verstand, wie sie bei englischen Richtern, Staatsmännern, Feldherren, Wissenschaftlern, Dichtern, Literaten, Musikern und Malern vorhanden sei. Seiner Vorliebe für Quantifizierungen folgend, wendete Galton in der Analyse der intellektuellen Variation Quetelets statistische Methoden an. Seine Aufzeichnungen legten nahe, dass Genialität innerhalb einer Familie weitervererbt wird und dass sich solche Familien vornehmlich in den privilegierten sozialen Schichten finden lassen. Der offensichtlichen Zirkularität seiner Argumentation trat er mit der Behauptung entgegen, dass begabte Menschen auch dann Spitzenleistungen erbracht hätten, wenn sie unter weit weniger günstigen Umständen aufgewachsen wären (z.B. Galton 1892 [1869]: 37–49). Galton nahm seine Ergebnisse als Grundlage, um für die stärkere Vermehrung der oberen Klassen oder der *eugenes* zu argumentieren, die er als Träger eines besseren Erbguts betrachtete (z.B. ibid.: 352–353, 362).

Galton weitete seine Überlegungen auf den relativen Wert verschiedener ›Rassen‹ aus, wobei er zu dem Schluss kam, dass die durchschnittliche Intelligenz der ›Negerrasse‹ – die sich auf seiner Liste nicht zuunterst befand – zwei Stufen unterhalb jener der Angelsachsen liege. Vor diesem Hintergrund konnte die drohende Auslöschung der ›minderen Rassen‹ im Zuge der europäischen Expansion mit einer gewissen Gelassenheit betrachtet werden (ibid.: 338, 357). Im Vorwort zum Nachdruck von 1892 hielt Galton fest: »There is nothing either in the history of domestic animals or in that of evolution to make us doubt that a race of sane men may be formed who shall be as much superior mentally and morally to the modern European, as the modern European is to the lowest of the Negro races. Individual departures from this high average level in an upward direction would afford an adequate supply of a degree of ability that is exceedingly rare now, and is much wanted.« (ibid.: x)

Galton führte den Begriff *Eugenik* ein, um damit die genetische ›Verbesserung‹ der menschlichen Art, einer menschlichen ›Rasse‹ oder einer Nation zu bezeichnen. *Eugenik* umfasste vielfältige Bestrebungen, soziale Probleme biologisch zu lösen, welche die Humangenetik noch in der Zwischenkriegszeit dominierten. Sie war mit der Vorstellung verbunden, dass ein Spektrum von komplexen Verhaltensweisen und mentalen Zuständen wie Alkoholismus oder ›Wahnsinn‹ (und auch die allgemeine Intelligenz) von den Genen abhängig sei und dass eine positive Korrelation zwischen sozialer Klasse und genetischer Konstitution bestehe. Die Eugenik erreichte ihren Höhepunkt in den ersten Jahrzehnten des 20. Jahrhunderts und stützte sich teilweise auf den Sozialdarwinismus. Diese Entwicklungen weisen aber bereits in eine neue Richtung, die uns hier noch nicht weiter beschäftigen soll. Stattdessen müssen wir uns nun anschauen, wie sich die Spuren des fossilen Menschen in die bestehenden Institutionen und Systeme der Anthropologie einfügten.

1.2.2 Die Spuren aus der Vorgeschichte – der fossile Mensch betritt die Bühne der Evolution

Zu der Etablierung von Theorien der Evolution des Menschen, wissenschaftlichen Instrumenten, Techniken und Gemeinschaften und damit Institutionen sowie Publikationsorganen, die Wissen generierten, speicherten und weitergaben, gehörten die neuartigen Untersuchungsobjekte einer evolutionären Anthropologie. Wir haben gesehen, dass Knochen von zeitgenössischen und historischen ›Rassen‹ für anthropologische Messungen zusammengetragen und Erhebungen an lebenden Bevölkerungsgruppen durchgeführt wurden. Die Entdeckung der Steinzeit führte aber auch zur Untersuchung und (Wieder-)Ausgrabung von Höhlen und offenen Fundstätten und lenkte die Aufmerksamkeit von Wissenschaftlern und AmateurInnen sowie nicht zuletzt von Arbeitern etwa in Steinbrüchen oder im Straßenbau auf menschliche Knochen und von Menschen bearbeitete Steine. Mit den paläolithischen Artefakten wuchs das Bewusstsein für die Vielfalt prähistorischer europäischer Kulturen, und eine Klassifikation derselben wurde angestrebt. Ich bin bereits darauf eingegangen, dass sich die physische Anthropologie durch vergleichende quantitative Methoden und mitunter statistische Analysen den Naturwissenschaften annähern wollte – Andrew Zimmerman bezeichnet die deutschen Anthropologen der zweiten Hälfte des 19. Jahrhunderts als »natural scientific human scientists« (Zimmerman 2001: 88). Die Paläoanthropologen *avant la lettre* und die prähistorischen Archäologen ihrerseits griffen auf Praktiken der Anthropologie, aber auch der Paläontologie, der Geologie und der Chemie zurück.

Fossile Menschenknochen, die entdeckt worden waren, bevor Konsens über ein hohes Alter der Menschheit bestand, wurden noch nicht allgemein als solche anerkannt. Der menschlichen Schädeldecke und weiteren Knochen, die 1856 gemeinsam mit Überresten ausgestorbener Tierarten in einer Höhle im Neandertal (nahe Düsseldorf, Deutschland) ausgegraben worden waren, kam diese Ehre als Ersten zu. Die Debatten um diese Neandertaler-Überreste, die dem deutschen Lehrer und Naturhistoriker Johann C. Fuhlrott übergeben wurden, können als die Anfänge der Paläoanthropologie angesehen werden. Fuhlrott und der Bonner Anatomieprofessor Schaaffhausen, der den Fund beschrieb, sahen in den Knochen einen ›primitiven‹ Menschentypus mit bestimmten affenähnlichen Eigenschaften, der mit der Fauna des

Diluviums (später Pleistozän) gelebt hatte. Schaaffhausen wendete einen groben Datierungstest an, den sogenannten Zungentest: Je stärker ein Knochen an der Zunge des Experimentators haften blieb, desto älter war er. Das Ergebnis dieses Tests sowie die Dendriten, die unter dem Mikroskop sichtbar wurden und die menschlichen Knochen bedeckten, wiesen auf einen fossilen Zustand und ein beträchtliches Alter hin. Schaaffhausen beobachtete, dass der größere Teil des Knorpels noch vorhanden war, aber in Form von Gallerte (denaturiertes Kollagen). Diese Datierungsmethoden galten zur Zeit von Schaaffhausens Anwendung allerdings keineswegs als schlüssig, und um die Knochen als solche der ›ältesten Menschenrasse‹ zu etablieren, bedurfte es der Anerkennung durch das internationale Netzwerk.

1860 begleitete Lyell Fuhlrott zur Feldhofer Ausgrabungsstätte und brachte einen Abguss des Schädels zu Huxley, der diesen analysierte und in Bezug auf den prähistorischen Ursprung des Fundes zum selben Schluss kam wie Schaaffhausen. Dieser Einschätzung schlossen sich weitere Experten an, darunter Busk, der Schaaffhausens Artikel ins Englische übertrug und erweiterte (Schaaffhausen 1861 [1858]). Schaaffhausen und Vogt wiesen zudem auf die Ähnlichkeit zu einem Schädel hin, der bereits 1829 oder 1830 in der belgischen Engis-Höhle entdeckt worden war. Obwohl sowohl Huxley als auch Schaaffhausen den Neandertaltypus für ›primitiv‹ erachteten, ordneten sie diesen innerhalb der ›beträchtlichen Variabilitätsbreite der lebenden Menschenrassen‹ ein. Huxley klassifizierte den Neandertalschädel beziehungsweise den Menschentypus, für den er stand, als weniger weit entwickelt als die Australier, die in seiner Hierarchie den untersten Rang einnahmen; Schaaffhausen interpretierte ihn hingegen als weiter entwickelt als gewisse lebende ›Rassen‹. Dies lässt sich dadurch erklären, dass Huxley (wie Anderen, einschließlich Lyell) gewisse zeitgenössische ›primitive Völker‹ weiter entfernt von den Europäern schienen als von den hohen Menschenaffen (Huxley 1894: 168–207 [1863 Erstveröffentlichung]).

Lyell stand der Anwendung des Darwinismus auf den Menschen skeptisch gegenüber, aber ihm war klar, dass der Neandertalschädel, falls sich das hohe Alter bestätigen ließe, die Transformationstheorien Lamarcks und Darwins maßgeblich erhärten würde (Lyell 1863: 92). Demgegenüber beschrieb Virchow die Feldhofer Funde als die Überreste eines krankhaft deformierten modernen Menschen, möglicherweise um eine evolutionäre Interpretation zu verhindern. Aufgrund seiner großen Autorität brachte er damit viele seiner Gegner zum Schweigen. 1866 und 1886 wurden jedoch ähnliche Funde aus La Naulette (nahe Dinant) und Spy (Region Namur) in Belgien gemeldet, gefolgt von Krapina (Kroatien) 1899 und schließlich 1908 La Chapelle-aux-Saints, Le Moustier, La Quina und 1909 La Ferrassie (Frankreich). Diese spektakulären Funde verhalfen dem Neandertaler zur Anerkennung als eigenständige fossile ›Rasse‹ (Campbell 1956).[11]

Einen weiteren Meilenstein bedeutete die Arbeit des englischen Prähistorikers Henry Christy und des französischen Rechtsanwalts und Paläontologen Édouard Lartet, der angeblich von seinen Klienten statt Geld auch fossile Knochen und prähistorische Werkzeuge akzeptierte. Anfang der 1860er Jahre führten sie systematische Ausgrabungen in Höhlen entlang der Vézère in der Dordogne durch (La Gorge d'Enfer, Laugerie-Haute, La Madeleine, Le Moustier, Les Eyziers etc. im Périgord im Südwesten Frankreichs), wo sie auf artefaktreiche Schichten stießen und sogar Gravuren von Tieren auf Stein und Knochen fanden (Lartet/Christy 1864). Lartet hatte zuvor fossile Menschenknochen von 17 Individuen eines anatomisch modernen Typs entdeckt, der bei Aurignac zeitgleich mit dem Höhlenbären gelebt hatte. Zu diesem Zeitpunkt schlug er bereits ein System der relativen Datierung basierend auf der Paläontologie vor, das Menschenskelette und kulturelle Artefakte mit der Fauna aus französischen Höhlenfundstellen korrelierte, die während einer bestimmten prähistorischen Periode vorgeherrscht hatte (zum Beispiel das Flusspferdzeitalter, das Mammut-/Höhlenbärenzeitalter und das Rentierzeitalter) – ein Ansatz, der nachträglichen Änderungen unterzogen wurde (Lartet 1861).

Als Lartets Interpretation der Skelette von Aurignac angezweifelt wurde, ließ er einen der Knochen zusammen mit einigen tierischen Proben aus der gleichen Schicht chemisch analysieren. Es zeigte sich, dass alle untersuchten Stücke die gleiche Menge an Stickstoff enthielten, was bedeutete, dass sie ungefähr die gleiche Menge Gallerte verloren hatten. Dies scheint das erste Mal gewesen zu sein, dass der Stickstofftest eingesetzt wurde, um an Proben aus verschiedenen fossilen Knochen vom gleichen Fundort eine relative Datierung vorzunehmen. Noch wusste man aber zu wenig über den Verlust von Gallerte in alternden Knochen, um dieses Ergebnis als schlüssigen Beweis für die zeitgleiche Existenz der Menschen und Tiere gelten zu lassen. Im Jahr 1866 wurden weitere Exemplare dieser modern aussehenden Menschen bei Solutré gefunden, aber die Zuschreibung solcher Funde zu einem eigenständigen Typ setzte sich erst durch, nachdem die Höhle von Cro-Magnon (nahe Les Eyzies) 1868 bei Gleisarbeiten entdeckt und ausgegraben wurde. Dort fand Louis Lartet, Sohn von Édouard Lartet, die Überreste von vier Erwachsenen und einem Fötus mit rotem Ocker und Muschelketten.

Louis Lartet brachte die fossilen Knochen aus der Höhle von Cro-Magnon nach Paris, wo die französischen Experten Broca, de Quatrefages, Théodore Jules Ernest Hamy und der deutschstämmige Arzt Franz Pruner-Bey sie untersuchten. Als aufgrund weiterer Knochenfunde eines ähnlichen Typs in der Höhle von Laugerie-Basse im Jahr 1872 auch die letzten Skeptiker einlenkten, war die fossile ›Menschenrasse‹ der Handwerker und Künstler des Rentierzeitalters geboren. Die paläolithischen Kulturen und fossilen Knochen aus dem Süden Frankreichs wurden gemeinsam in dem Werk *Reliquiae Aquitanicae* (Lartet/Christy 1875 [1865–1875]) beschrieben. Broca definierte die Cro-Magnon-›Rasse‹ als kuriose Verbindung von ›hoch entwickelten‹ Merkmalen (großes Gehirn, dolichozephaler Schädel, stark ausgeprägte Stirn, keine hervortretende untere Gesichtshälfte) und ›primitiven‹ Charakteristika (sehr breites Gesicht, alveoläre Prognathie, starke Ausprägung des aufsteigenden Asts des Unterkiefers und der Muskelansatzstellen, abgeflachte Tibia).

Broca folgerte daraus, dass die paläolithischen Höhlenbewohner in mancher Hinsicht den lebenden ›niederen Menschenrassen‹ und sogar den Menschenaffen ähnlich waren. Gleichzeitig überragten sie hinsichtlich anderer Merkmale wie des Schädelvolumens die meisten lebenden Menschen. Auch kulturell schienen die Cro-Magnons Chimären gewesen zu sein, deren Schädel und Artefakte nicht nur von einer hohen Intelligenz und künstlerischem Geschick zeugten – ihre Skulpturen belegten einen gut ausgebildeten Sinn für Ästhetik –, sondern auch auf ein Leben voller Gewalt hinwiesen. Er ging aber insgesamt mit Pruner-Bey darin einig, dass sie ›Wilde‹ gewesen sein mussten, da der weibliche Schädel auf einen Akt des Totschlags hinzudeuten schien und das Skelett eines alten Mannes Verletzungen aufwies, die vielleicht aus einem Kampf zwischen Stämmen oder von der Jagd auf ein riesiges Mammut stammten. Inmitten der ausgedehnten dunklen Wälder und der wilden Tiere musste die Jagd die einzige Möglichkeit zur Nahrungsbeschaffung gewesen sein, und um diese Jagdgebiete hatten die frühen Menschen wohl in Konkurrenz mit benachbarten Stämmen gestanden (ibid.: 120–122).

Demgegenüber warnte de Quatrefages davor, bestimmte morphologische Merkmale als ›primitiv‹ zu beschreiben. Im Einklang mit seinem Misstrauen gegenüber evolutionären Interpretationen fossiler Überreste betonte er, dass Begriffe zu vermeiden seien, die eine Ähnlichkeit zwischen Menschen und Affen suggerieren könnten (ibid.: 125). *Reliquiae Aquitanicae* war insgesamt eine umfassende und, man könnte sagen, interdisziplinäre Arbeit mit Beiträgen von einigen der führenden Experten der prähistorischen Archäologie, physischen Anthropologie, Ethnologie und Geologie, die den Beginn des systematischen wissenschaftlichen Bestrebens markierte, die menschliche Vorgeschichte zu erschließen. Das Buch kann durchaus als ein Vorläufer heutiger wissenschaftlicher Publikationen zu paläolithischen Stätten gelten, in denen die Ergebnisse der Ausgrabungen und der interdisziplinären Datenanalyse zusammengetragen werden. Gerade de Quatrefages' Beitrag macht aber deutlich, dass sich darin noch kein umfassender evolutionärer Interpretationsrahmen finden lässt.

Die Arbeit an prähistorischen ›Menschenrassen‹ in Europa, wie sie in *Reliquiae Aquitanicae* eingeleitet worden war, wurde in *Crania Ethnica* (1882) von de Quatrefages, Hamy und Henry Formant fortgesetzt. Anhand der menschlichen Fossilfunde in Europa unterschieden sie drei ›Rassen‹: die Canstadt (Neanderthal), die Cro-Magnon und die Furfooz. Die Furfooz-Höhle war wie andere belgische Stätten von Édouard Dupont ausgegraben worden, der dort menschliche Schädel fand. Die Canstadt-›Rasse‹, die als älteste und primitivste galt, war nach einem Schädeldach ungewisser Herkunft benannt, an dem im Nachhinein Ähnlichkeiten zum Feldhofer Neandertaler erkannt wurden. Es war möglicherweise bereits um 1700 in der Nähe von Cannstatt (nahe Stuttgart, Deutschland) entdeckt worden.

De Quatrefages und Hamy machten eine weitere wichtige Beobachtung. Ihre Analyse der fossilen Menschenknochen führte sie zu dem Schluss, dass die Ariertheorie falsch sei. Die Spuren dieser Theorie lassen sich mindestens bis in die letzten Jahrzehnte des 18. Jahrhunderts zurückverfolgen. Philologen hatten

Sanskrit und die meisten europäischen Sprachen auf eine hypothetische ›arische‹ Sprache zurückgeführt. Da Sanskrit die älteste bekannte Sprache war, wurde davon ausgegangen, dass die ›Arier‹ ihren Ursprung in Asien hatten, ein Glaube, den die Gelehrten des 19. Jahrhunderts durch die biblischen Geschichten vom Garten Eden und vom Turm zu Babel gestützt sahen, aber auch durch die frühen östlichen Zivilisationen (der Begriff *arisch* stammt vom Sanskrit-Wort für ›edel‹). Von der gemeinsamen sprachlichen Wurzel wurde auf einen gemeinsamen Ursprung der Völker geschlossen, sodass angenommen wurde, die indoeuropäischen Sprachen seien durch Einwanderungen von Nachkommen der ›Arier‹ nach Europa gebracht worden. Diese ›arischen Völker und Sprachen‹ hätten die indigene europäische Bevölkerung und deren Sprache – von der angenommen wurde, dass sie dem Finnischen und Baskischen verwandt sei – weitgehend verdrängt (Peake 1940: 106–108).

Die Ariertheorie erhielt weiteren Auftrieb, als Retzius in den 1840er Jahren den Schädelindex in die Anthropologie einführte. Auf der Basis des Breite-Länge-Verhältnisses unterschied er zwischen den Langschädeln (Dolichozephalen) und den Kurzschädeln (Brachyzephalen). Den Kurz- oder Rundköpfen wurde eine niedrigere Stellung in der Hierarchie der ›Menschenrassen‹ zugewiesen als den Langschädeln oder Brocas Typ mittlerer Schädellänge (Erickson 1974: 114–119). Analog zum sprachlichen Szenario postulierte Retzius, dass die ursprünglichen Europäer brachyzephal gewesen und von den eindringenden dolichozephalen ›Ariern‹ verdrängt worden seien. Dadurch erhielt die Idee Aufwind, dass vor dem Eindringen der indogermanischen dolichozephalen ›Rasse‹ eine autochthone brachyzephale ›Rasse‹ Europa bewohnt habe und die Vorfahren der FinnInnen und ›LappInnen‹ durch die Invasionen der ›arischen Rasse‹ marginalisiert worden seien.

Die Untersuchungen von de Quatrefages und Kollegen bestätigten diese Annahmen jedoch nicht, denn sämtliche brachyzephalen Funde, die sie beschrieben, waren jünger als die dolichozephale ›Canstadt-Rasse‹. Der Fund des alten Mannes in der Cro-Magnon-Höhle zeigte zudem, dass bereits im späten Paläolithikum, und damit vor den großen neolithischen (jungsteinzeitlichen) Wanderungen, eine hoch entwickelte dolichozephale ›Rasse‹ in Europa gelebt hatte (Quatrefages/Hamy/Formant 1882: 98–146). Broca realisierte bereits in den 1860er Jahren, dass die Funde neuer Menschentypen die Ariertheorie nicht stützten, tröstete sich aber damit, dass die paläolithische typologische Vielfalt in Europa mit der polygenistischen Annahme vereinbar war (Broca 1868: 374). Er betonte deshalb, dass die menschlichen Überreste von Cro-Magnon zu einer anderen ›Rasse‹ als derjenigen aus den belgischen Höhlen (Neandertaler) gehörten (ibid.: 351–352, 363, 373, 384, 388, 390–391). Andere hingegen versuchten, die Ariertheorie auch angesichts der neuen Erkenntnisse aufrechtzuerhalten. Pruner-Bey zum Beispiel beschrieb unter den paläolithischen europäischen ›Rassen‹ nur einen einzigen brachyzephalen ›mongoloiden‹ Typ und fasste alle dolichozephalen unter der neolithischen ›arischen Rasse‹ zusammen. Die paläolithische, aber dolichozephale ›Rasse‹ der Cro-Magnons brachte er mit seiner Theorie in Einklang, indem er sie mit den lebenden EstInnen verglich und damit wenigstens als ›mongoloid‹ beschreiben konnte. Eine Analyse des Gaumens führte ihn gar zu der Erkenntnis, dass die Cro-Magnons weder Arisch noch Semitisch gesprochen hätten, sondern eine Sprache mit ›schwacher Phonologie‹ wie das Finnische (Lartet/Christy 1875 [1865–1875]: 73–92, 97–122).

Die Ariertheorie hatte weitere politische Implikationen. Retzius war davon ausgegangen, dass die Franzosen typischerweise brachyzephal und die Deutschen dolichozephal seien. Französische Gelehrte dekonstruierten also eine Theorie, nach der sie von dem niedrigeren brachyzephalen Typ seien, während die Deutschen dem weiter entwickelten dolichozephalen angehören würden, zu einer Zeit, als im Zuge des Deutsch-Französischen Kriegs (1870–71), der die Geburtsstunde der deutschen Nation markierte, die ›rassische Minderwertigkeit‹ der Franzosen ins Feld geführt worden war. Dies vermochte aber dem Arier-Mythos kein Ende zu setzen. Die indogermanische Gruppe wurde gegen 1900 in Teutonen/Sachsen (dolichozephal, v.a. England und Deutschland), Alpine (brachyzephal, Kelten; v.a. Irland, Wales und Frankreich) und Mediterrane (dolichozephal, Italien, Spanien etc.) aufgespalten. Der umfassendere indogermanische, ›kaukasische‹ oder ›arische‹ Typ wurde somit zum ›nordisch-teutonischen‹ Typ verengt, wobei der Schädelindex als das wichtigste Klassifikationsmerkmal bestehen blieb. Darüber hinaus konnten eine helle Haarfarbe, blaue Augen und ein hoher Wuchs als Charakteristika der ›nordischen Rassen‹ fungieren. Die Gleichsetzung des arischen Typs mit der ›nordischen‹ oder ›germanischen Rasse‹ und seine Neukonzeption als in Europa beheimatete ›reine Rasse‹ ebneten den Weg für die Vorstellungen rassischer Überlegenheit, die in der nationalsozialistischen Mythologie gipfelten (Peake 1940: 111; Bowler 1986: Kap. 2).

Aus der Anwendung der Ariertheorie auf die prähistorischen Funde Europas ergab sich jedoch erst einmal ein Szenario, dem zufolge sich die paläolithischen ›Rassen‹ von den Eindringlingen des späteren Neolithikums und von allen modernen Typen Europas unterschieden. Der britische Geologe und Paläontologe William Boyd Dawkins etwa stellte sich vor, dass die ersten EuropäerInnen im Paläolithikum durch die morphologisch und kulturell höheren Höhlenmenschen verdrängt worden waren. Diese Höhlenmenschen wurden sodann von einwandernden Cro-Magnons, die er dem Neolithikum zuschrieb, Richtung Polarkreis gejagt (Boyd Dawkins 1880: 231–233). Aufgrund kultureller Ähnlichkeiten vermutete Boyd Dawkins in den Höhlenmenschen die Vorläufer der ›Eskimos‹. Die Cro-Magnons wiederum, in denen er die Vorfahren der ›Indianer‹ zu erkennen glaubte, waren durch eine weitere neolithische Invasion eines kleinen, dunklen, nicht-arischen Menschentyps (›Grimaldi-Typus‹ von Mentone) vom europäischen Boden verdrängt worden. Anschließend drang eine brachyzephale ›keltische Rasse‹ in Europa ein, die Boyd Dawkins als die Vorhut der ›arischen Rasse‹ bezeichnete (ibid.: 495).[12]

Dieses Szenario erinnert an die Mongoloiden-Theorie Pruner-Beys, und wie Broca war auch Boyd Dawkins ein Gegner der Vorstellung, die paläolithischen ›Rassen‹ seien in den späteren Invasoren aufgegangen und die Spuren ihres Erbes ließen sich in den gegenwärtigen BürgerInnen der europäischen Nationen ausmachen (ibid.: 229–243). Der kulturelle und morphologische Fortschritt, der durch die geologischen Schichten hindurch ausgemacht wurde, wurde ausschließlich aufeinanderfolgenden Einwanderungen zugeschrieben. Während solche von der Ariertheorie inspirierte Erklärungen also die Diskontinuitäten im fossilen und archäologischen Befund betonten, gab es alternativ Versuche, evolutionäre Reihen von den ›niedrigsten‹ zu den komplexesten Kulturen und ›Rassen‹ aufzustellen.

In den 1860er Jahren wurden die organische Evolution und die Entwicklung der materiellen Kultur analog gedacht. Forscher wie Busk, John Evans, Huxley, Lubbock, Pitt Rivers, Tylor und Wallace machten die Ethnologische Gesellschaft zu einer Plattform für Diskussionen über den Darwinismus und die Anwendung einer evolutionären Schau auf den Menschen. Auch der Deutsche Schaaffhausen etwa sprach von einem Gesetz, dem zufolge »die körperliche Bildung des Menschen dieselbe Entwicklung zurückgelegt hat, wie die menschliche Civilisation und mit dieser in der Vervollkommnung gleichen Schritt hält!« (Schaaffhausen 1872 [1869]: 127) Während die vergleichende Methode in der Anatomie dazu verwendet wurde, Hierarchien zwischen ›Menschenrassen‹ zu bestimmen, wurde sie in der Ethnologie eingesetzt, um die evolutionäre Serie von Kulturen (oder kulturellen Elementen) zu rekonstruieren. Da ›Wilde‹ als Bindeglieder zwischen ›zivilisierten Rassen‹ und Affen galten, konnten sie nun Licht ins Dunkel des Paläolithikums bringen (vgl. Stocking 1968: Kap. 4–5).

Für eine solche evolutionäre Sicht auf die Geschichte der Kulturen war Tylors Denken besonders charakteristisch. In seinem letzten Buch *Anthropology. An Introduction to the Study of Man and Civilization* (1881) vermittelte er einen hervorragenden Überblick über das anthropologische Wissen der Zeit. Sein Traktat über die neue Anthropologie richtete sich an LeserInnen, die eine höhere Ausbildung genossen hatten oder gerade genossen. Tylor glaubte, dass die anthropologische Perspektive sämtliche Wissensbereiche erhellen könnte, und er gab eine Einführung in die verschiedenen Teilgebiete: vergleichende Anatomie des Affen und des Menschen, physische Anthropologie, historische und vergleichende Sprachwissenschaft, Ethnologie und paläolithische Archäologie. Im Versuch, das Integrationspotenzial der Anthropologie für die Bildung aufzuzeigen, zeichnete Tylor die Entwicklung der menschlichen Kultur von ›wild‹ über ›barbarisch‹ bis ›zivilisiert‹ nach, ohne regionale und zeitliche Faktoren zu berücksichtigen. Er führte den LeserInnen die wunderbaren Fortschritte vor, von den primitivsten Waffen und Werkzeugen, die nichts als vom Boden aufgehobene Steine waren, bis zur Errungenschaft der Dampfmaschine, indem er mit seinen illustrativen Beispielen nicht nur zwischen den paläolithischen und den neolithischen Kulturen Europas und den zahlreichen Kulturen der ›wilden und barbarischen Völker‹ auf der ganzen Welt hin und her sprang, sondern auch zwischen den alten östlichen und den modernen westlichen Zivilisationen. Die Geschichte wurde nicht nach chronologischen oder geografischen Mustern erzählt, sondern entlang der globalen allmählichen Verbesserung der materiellen Kultur (Tylor 1881: insbesondere Kap. 8 und 16).

Auch unter jenen, die wie Boyd Dawkins versuchten, die Archäologie, die Paläoanthropologie, die Ethnologie und die Geologie zu integrieren, gab es einige Anhänger einer Interpretation der Daten aus diesen Bereichen im Sinne einer kontinuierlichen Evolution. Lubbocks *Pre-historic Times* (1865) basierte auf seinen »essays on Pre-historic Archaeology« und Vorträgen über das Alter der Menschheit, die er an der Royal Institution gehalten hatte. Darin bewerkstelligte er eine große Synthese aus Archäologie, Ethnologie, Geologie, Anthropologie und in geringerem Ausmaß Geschichte und Sprachwissenschaft. Es war auch in diesem Werk, dass das archäologische Standardsystem, die skandinavische Dreiteilung in Stein-, Bronze- und Eisenzeit, durch die Unterteilung der Steinzeit in Paläolithikum und Neolithikum aufgrund der Werkzeugtechnologien verfeinert wurde. In der Folge wurden diese Bezeichnungen synonym zu den geologischen Begriffen *Pleistozän* und *Holozän* verwendet.

Dem archäologischen Teil fügte Lubbock Kapitel über die Sitten und Bräuche von lebenden ›Wilden‹ bei, denn ethnologische Studien sollten es erlauben, die Spuren des längst vergangenen ›wilden‹ Lebens zu deuten (Lubbock 1865: viii). Die Geologie wurde beigezogen, um das Alter der prähistorischen menschlichen Werkzeuge einzuschätzen, und der Beitrag der Anthropologie bestand in Abbildungen und einer kurzen Diskussion der bis dahin entdeckten fossilen Menschenknochen (ibid.: 330–332). Lubbock befasste sich auch mit der Frage nach der Anwendbarkeit der darwinschen Theorie auf die menschliche Evolution, und da er so etwas wie ein Pionier der experimentellen Erforschung tierischen Verhaltens war, zog er sogar Vergleiche zwischen dem Verhalten von Affen und dem von Menschen, beispielsweise in Bezug auf die Verwendung von Werkzeugen und den Bau von Unterschlupfen. Lubbocks übergeordnetes Ziel war es, den allmählichen kulturellen Fortschritt vom Affen über die verschiedenen paläolithischen und neolithischen Kulturen bis zu den höchsten Zivilisationen seiner Zeit darzustellen – ein scheinbar unaufhaltsamer Vormarsch, an dem die ›Menschenrassen‹ unabhängig voneinander und mit unterschiedlichem Erfolg teilgenommen hätten (ibid.: 473–484).

Auch de Mortillet war vom universellen Gesetz des Fortschritts überzeugt und inszenierte diesen in der Abteilung für Vorgeschichte an der Weltausstellung in Paris von 1867, die seiner Verantwortung unterstand. Die Exponate zur Geschichte der Arbeit (*l'histoire du travail*) waren chronologisch und nach Nationen geordnet. Das Thema Vorgeschichte wurde den BesucherInnen anhand von Artefakten aus dem Paläolithikum und dem Neolithikum, von Dolmen und Pfahlbauten sowie von Funden aus keltischer, gallischer und gallo-römischer Zeit vorgestellt. Im Ausstellungsführer verwies de Mortillet die BesucherInnen aber auch auf weitere Galerien, die er im Hinblick auf die Vorgeschichte für aufschlussreich hielt, einschließlich solcher zu den Kolonien Frankreichs und anderer europäischer Nationen, in denen die materielle Kultur der ›primitiven Völker‹ ausgestellt wurde. De Mortillet betonte, dass die Exponate die BesucherInnen mit den Gesetzen der menschlichen Evolution vertraut machen sollten, womit das Gesetz des menschlichen Fortschritts, das Gesetz der ähnlichen Entwicklung aller ›Menschenrassen‹ und das hohe Alter der Menschheit gemeint waren (de Mortillet 1867: besonders 186–187).

Um paläolithische Artefakte zu klassifizieren, analysierten prähistorische Archäologen öffentliche und private Sammlungen und besuchten oft die Ausgrabungsstätten. De Mortillet hatte einen privilegierten Zugang zu den Objekten, nicht nur, weil er an der Weltausstellung mitarbeitete, sondern auch aufgrund seiner Beteiligung an der Organisation des Musée des Antiquités Nationales in Saint-Germain-en-Laye. Er schuf ein Klassifikationssystem, das heute noch weitgehend gültig ist. Er unterteilte das Paläolithikum in Kulturen, die er nach französischen Fundstellen benannte: Die älteste Kultur, das *Chelléen* (auch *Acheuléen*), umfasst Werkzeuge, die durch das Abspalten kleiner Splitter hergestellt wurden, um dem ursprünglichen Kern des Feuersteins eine scharfe Kante zu geben. Die Werkzeuge des *Moustérien* wurden nicht aus dem Kern, sondern aus den Splittern des Feuersteins gefertigt. Das *Solutréen* hatte etwa schön geformte Steinmesserschneiden, und die letzte paläolithische Kultur, das *Magdalénien*, welches Lartets Rentierzeitalter entsprach, zeichnete sich durch hoch entwickeltes künstlerisches Geschick in der Bearbeitung von Knochen aus.[13]

De Mortillet übernahm bewusst geologische Praktiken in die paläolithische Archäologie und schrieb in *Le Préhistorique. Antiquité de l'homme* (1883): »Suivant une excellente méthode adoptée en géologie, – il ne faut pas oublier que la paléoethnologie découle directement de la géologie, – j'ai donné à chaque époque le nom d'une localité bien typique [...].« (de Mortillet 1883: 20) Die Bezeichnung *Paläoethnologie* war als Alternative zur etwas unbeholfenen *prähistorischen Archäologie* bei der Gründungsversammlung des Internationalen Kongresses für Anthropologie und prähistorische Archäologie in La Spezia 1865 eingeführt worden. Der Begriff wurde in einem sehr breiten Sinn verstanden, also als das Studium des Ursprungs und der Entwicklung der Menschheit vor der Existenz schriftlicher Zeugnisse (ibid.: 2, 16). Dementsprechend lieferte de Mortillet in *Le Préhistorique* einen Überblick über die Perioden der europäischen Steinzeit. Dieser beinhaltete nicht allein die kulturellen Relikte und deren geografische Verbreitung vom ›Eolithikum‹ bis in das Neolithikum, sondern auch die Geologie, Fauna, Flora und Anthropologie – also die fossilen menschlichen Überreste – jeder Epoche.

Auch de Mortillet nahm an, dass die kulturelle und morphologische Evolution der Menschen graduell vonstatten gegangen sei – und in Europa. Zwischen dem höchsten Menschenaffen und dem ›niedrigsten Wilden‹ fügte er ein hypothetisches Bindeglied ein, dem er den Gattungsnamen *Anthropopithecus* gab und das er als Urheber der umstrittenen eolithischen Steinwerkzeuge im tertiären Europa ansah. Diese Gattung, die de Mortillet gemäß vermeintlich unterschiedlichen eolithischen Kulturen in Frankreich und Portugal in mehrere Arten unterteilte, habe sich zum Neandertaler und schließlich zum Cro-Magnon entwickelt – ein morphologischer Fortschritt, mit dem eine parallele Entwicklung über die oben genannten Stufen der materiellen Kultur einhergegangen sei. De Mortillet räumte nur eine Einwanderungswelle nach Europa ein, jene der neolithischen AckerbäuerInnen aus dem Osten, die den Keim der Religion mitbrachten und sich mit den autochthonen Cro-Magnons vermischten, was in der Morphologie der modernen europäischen Bevölkerung Spuren hinterlassen habe. Diese Invasion war für de Mortillet als überzeugten Gegner der institutionalisierten Religion negativ konnotiert – mit der Religion war ein fortschrittshemmendes Element eingeführt worden (z.B. ibid.: 103–106, 628–629).

Das 19. Jahrhundert endete also mit zwei großen Rahmenerzählungen, die die Befunde aus den verschiedenen Fachbereichen erklären sollten. Dem Modell der linearen und lokalen Evolution stand ein Verständnis gegenüber, wonach Fortschritt fast ausschließlich durch aufeinanderfolgende Einwanderungswellen und die Verdrängung von kulturell und physisch ›niedrigeren durch fortschrittlichere Rassen‹ zustande kam. Dabei gilt es zu bedenken, dass die Kontinuität-versus-Diskontinuität-Debatte des 19. Jahrhunderts auf die Vorgeschichte *Europas* beschränkt war und sich lediglich auf Funde bezog, die als Zeugnisse von paläolithischen, neolithischen und aktuellen ›Menschen*rassen*‹ galten. Haeckels *Pithecanthropus* und de Mortillets *Anthropopithecus* blieben bis zum Ende des Jahrhunderts leere Taxa.

Just 1895 brachte aber der niederländische Arzt Eugène Dubois den Oberschenkelknochen, das Schädeldach und einige Zähne eines Wesens nach Europa, dem er den Namen *Pithecanthropus erectus* gab (heute *Homo erectus*). Er hatte diese Stücke, die Haeckels Prophezeiung eines asiatischen Affenmenschen zu erfüllen schienen, während seiner Dienstzeit als Militärarzt auf Java entdeckt. Der deutsche Anatom Schwalbe integrierte den neuen Missing Link in eine lineare Entwicklungsreihe, die nun von *Pithecanthropus erectus* über den Neandertaler zum modernen Menschen führte. Schwalbe definierte die Neandertaler als eigene fossile Art (*Homo primigenius*) und nicht mehr als eine fossile ›Rasse‹ innerhalb der menschlichen Art. Dieser Schritt ermöglichte es ihm, die menschliche Evolution auf der Gattungs- und Speziesebene zu beschreiben (Schwalbe 1906).[14] Schwalbes lineare Reihe sollte aber schon bald als verzweigte Stammesgeschichte umgedeutet werden, und wir werden im Verlauf des nächsten Teils sehen, wie die großen Fragen nach dem Verhältnis von Linearität und Diversifizierung, lokaler Evolution und Migrationsbewegungen oder nach der Natur des Fortschritts auch die AnthropologInnen des 20. Jahrhunderts in Schach hielten.

2. Evolutionäre Anthropologie in der modernen Synthese

Julian Huxley, der einer neuen Generation von Biologen angehörte, bezeichnete die Jahrzehnte um 1900, mit denen ich mich eingangs dieses Teils beschäftige, als eine ›Dunkelzeit des Darwinismus‹. Aber der Enkel von Thomas Henry Huxley war nicht jemand, der Tragödien tatenlos kommentierte. Im Gegenteil rief er gleich selbst eine Wende in den Wissenschaften vom Leben aus – *Evolution: The Modern Synthesis* (1942). Im Anschluss an eine Betrachtung der Enstehung von Genetik und Eugenik wende ich mich dieser Erneuerung der darwinschen Theorie und der darauf folgenden Integration biologischer Forschungsfelder in einer als *evolutionär* oder eben *modern* bezeichneten Synthese zu. Ich frage nach der Integration der Anthropologie in den neuen übergreifenden Ansatz. Als wichtig für diese Integration gilt die Abkehr von einer typologischen zugunsten einer populationsorientierten Interpretation der Objekte der physischen Anthropologie. Der Genetiker Theodosius Dobzhansky, der Systematiker Ernst Mayr sowie der Paläontologe George Gaylord Simpson, die ebenfalls federführend in der Entwicklung einer synthetischen Evolutionsbiologie waren, wollten auch die Paläoanthropologie auf der Grundlage eines modernisierten Artbegriffs erneuern, indem sie die fossilen Hominiden als Zeugnisse von polymorphen Fortpflanzungsgemeinschaften fassten (reproduktiv, ökologisch und genetisch verstandene Arten). Die Bestimmung von taxonomischen Einheiten auf der Basis dieser neuen Systematik müsste mit den Mechanismen der natürlichen Selektion, der Anpassung und der Gendrift begründet werden (Mayr 1982 [1942]: 6–8).

In der Anthropologie wurden die Neuerungen im evolutionären Denken jedoch erst seit den 1950er und 1960er Jahren aufgenommen. PaläoanthropologInnen kümmerten sich um die Rekonstruktion von Funden und die Erstellung einer Klassifikation und zogen Schlussfolgerungen zu stratigrafischen Relationen und Abstammungslinien. Anstatt in Bezug auf den oft nur fragmentarischen Fossilienbestand die Variation innerhalb einer Art mitzudenken, wurde tendenziell jeder neue Fossilfund als eigene Art, wenn nicht sogar als eigene Gattung, beschrieben. Ein individueller Fund fungierte als Typusexemplar, sodass spätere Funde – wenn nicht als neue Form definiert – als weniger wichtige Variation eines bereits bekannten Typs galten. Auch in Bezug auf die Beschreibung rezenter Menschen haben wir gesehen, dass die physische Anthropologie mit rassischen Typologien von dauerhaften und ursprünglich reinen Linien arbeitete, von denen man annahm, dass sie sich im Laufe der Zeit gekreuzt hatten. Demgegenüber würde eine Interpretation im neuen synthetischen Rahmen verlangen, Fossilien als die Überreste von Individuen innerhalb einer polymorphen Population zu verstehen. Es müsste ihnen gleiches Gewicht bei der Einschätzung der (Grenzen der) innerartlichen Variation eingeräumt werden – eine Einschätzung, die mit jedem Fund neu vorzunehmen wäre (Delisle 1995).

Die konzeptionellen und methodischen Veränderungen, die schließlich in der paläoanthropologischen Gemeinschaft stattfanden – und manchmal mit einer drastischen Vereinfachung des Hominidenstammbaums einhergingen –, wurden aber nicht nur durch die moderne Synthese vorangetrieben. Spektakuläre Fossilfunde waren entscheidend für die Herausbildung der neuen Anthropologie. Es kam zudem zu bahnbrechenden technologischen und methodischen Entwicklungen in Labor und Feld, und in einer Zeit der zunehmend unabhängigen Institutionalisierung von Teilgebieten wurde erneut der interdisziplinäre Charakter des Strebens nach der Enträtselung der menschlichen Herkunft hervorgehoben. Der Zerfall der kolonialen Weltordnung förderte schließlich eine Verschiebung der Dominanz von den französischen und britischen ForscherInnen und Institutionen in der Paläoanthropologie und paläolithischen Archäologie nach Amerika. In den 1920er Jahren teilten sich Großbritannien und Frankreich die imperiale Autorität über fast ganz Afrika, den Nahen Osten, Indien, Südostasien und Australien und kontrollierten die Erforschung paläolithischer Stätten in diesen Regionen bis in die 1960er Jahre. Als die afrikanischen Kolonien jedoch ihre Unabhängigkeit erlangten, waren es die US-amerikanische Paläoanthropologie und Archäologie, welche die finanziellen, wissenschaftlichen und medialen Ressourcen für groß angelegte Feldstudien besaßen, insbesondere im vielversprechenden Ostafrika – vielversprechend deshalb, weil die Australopithecinen-Funde das Augenmerk von Asien als Wiege der Menschheit nach Afrika gelenkt hatten (Dennell 1990: 61–63).

Ich werde mich diesen Veränderungen in der evolutionären Anthropologie ab circa 1900 in zwei Kapiteln annähern, die folgende Themen behandeln: (2.1) die Entwicklungen im Wissen über die Vererbung und Evolution sowie deren Auswirkungen in Eugenik und Anthropologie; (2.2) die Entdeckung einer unerwarteten Form fossiler Hominiden und die Bedeutung des wachsenden Hominidenbestands für das Verständnis der menschlichen Phylogenie unter Berücksichtigung des neuen methodischen und theoretischen Rahmens der modernen Synthese.

2.1 Theorien der Vererbung und der menschlichen Evolution

Die frühen evolutionären Anthropologen hatten sich meist wenig für die Vererbung und die der Veränderung zugrunde liegenden Mechanismen interessiert, obwohl etwa der schottische Anthropologe Arthur Keith die physiologischen Prozesse, welche in der menschlichen Diversifizierung eine Rolle spielten, hormonell zu erklären versuchte (siehe z.B. Keith 1919). Es war hauptsächlich eine andere Gemeinschaft von WissenschaftlerInnen, die sich mit diesen Fragen beschäftigte. Dennoch versuchten AnthropologInnen nun, die neue Genetik auf die Analyse erblicher ›Rassenmerkmale‹ anzuwenden. Gleichzeitig wurden AnthropologInnen durch den Aufstieg der experimentellen Genetik und die dadurch ermöglichten Einblicke in die Komplexität der Vererbung auch skeptischer gegenüber ihrem Projekt, klar definierte Rassen zu bestimmen.

In der Sozial- und Kulturanthropologie wurde die Abwendung von traditionellen Rassekonzepten und dem evolutionären Paradigma insgesamt von Franz Boas in Amerika, aber auch von den britischen Schulen Bronislaw Malinowskis und Alfred R. Radcliffe-Browns eingeleitet. Trotz der unterschiedlichen Zugänge zum Funktionalismus zeigen sich bei Malinowski und Radcliffe-Brown Gemeinsamkeiten. Sie gaben die Suche nach Ursprüngen auf. Ethnografische Daten mussten nun aus der Gegenwart und der entsprechenden Kultur heraus erklärt werden. Dies bedeutete eine Abkehr von der stärker eurozentrischen Tradition der ›Sesselanthropologen‹ und eine Hinwendung zu ausgedehnten Feldstudien. Auch im deutschen Sprachraum, wo Anthropologen wie Johann Jakob Bachofen und Gustav Friedrich Klemm einen romantischen Evolutionismus vertreten hatten, der nicht ohne Einfluss auf Tylor in England und Lewis Henry Morgan in den USA geblieben war, wich der klassische Evolutionismus noch vor dem Ersten Weltkrieg einem historischen Diffusionismus. In Frankreich vertraten Émile Durkheim und Marcel Mauss zwar einen Evolutionismus, kritisierten aber die evolutionäre Ausrichtung in der britischen Kulturanthropologie nach Tylor und James George Frazer; hier setzte sich der Diffusionismus später durch als in England, wo er vom Funktionalismus abgelöst worden war (Barth/Gingrich/Parkin/Silverman 2005). Allgemein zeichnete sich damit bereits der – wenn auch nie vollständige – Austritt der Kultur- und Sozialanthropologie aus dem Projekt einer synthetischen evolutionären Anthropologie ab.[15]

2.1.1 Genetik, Eugenik und Anthropologie

Im Jahr 1900 stießen die Botaniker Hugo de Vries, Carl Correns und Erich Tschermak unabhängig voneinander auf die Erkenntnisse von Gregor Mendel, der in den 1850er und 1860er Jahren eine Reihe von Kreuzungsexperimenten mit Erbsen durchgeführt hatte. Die Mendelschen Gesetze der Vererbung beschreiben die Verteilung der elterlichen Merkmale unter den Nachkommen, sodass die Vererbung vorerst als ein konservativer und nicht evolutionärer Faktor untersucht wurde. Dabei wurde angenommen, dass jedes Gen für ein separates Merkmal zuständig sei. Wo darüber nachgedacht wurde, wie Neues entstehen kann, inspirierte dieses Alles-oder-Nichts-Konzept der Vererbung ein diskontinuierliches Verständnis der Variation, und der Niederländer de Vries stellte die Idee in den Raum, dass zufällige Mutationen plötzliche große Veränderungen hervorrufen und damit die Entstehung neuer Arten bewirken könnten (*Die Mutationstheorie* 1901–1903). Der Cambridge-Zoologe William Bateson dachte, dass diese plötzlichen Mutationen durch eine innere biologische Kraft entlang bestimmter Entwicklungsbahnen gelenkt würden (*Mendel's Principles of Heredity* 1902). Bateson war ein bedeutender Mendelianer und führte 1906 den Namen Genetik für die neue Disziplin ein (z.B. Olby 1985 [1966]: Kap. 5–6).

In Großbritannien stellten sich den Mendelianern die selbsternannten Darwinisten entgegen. Der Biologe Raphael Weldon und der Mathematiker Karl Pearson glaubten an die natürliche Selektion als treibende Kraft hinter dem Anpassungsprozess. Sie führten statistische Methoden ein, um zu beweisen, dass die natürliche Selektion die Evolution lenkt, indem sie dahingehend auf eine Population einwirkt, dass eine allmähliche Veränderung eines bestimmten Merkmals stattfindet. Dies schien der Fall zu sein, wenn die Verteilung der Variation eines Merkmals innerhalb einer natürlichen Population nicht die Form einer Glockenkurve zeigte, also nicht der üblichen Streuung um einen Durchschnittswert entsprach; wenn die Kurve zum Beispiel zwei ›Gipfel‹ aufwies, las Pearson dies als Zeichen dafür, dass die Population im Begriff war, durch Selektionsprozesse gespalten zu werden (Merkmalsdimorphismus). Während sich die Genetiker also auf den Mendelismus stützten, um Fragen der Vererbung, hauptsächlich verstanden als Erhaltung und Übertragung von Merkmalen, zu bearbeiten, konzentrierten sich diese sogenannten Biometriker auf den Darwinismus im Sinn der Selektionstheorie, um die Artbildung und die Anpassung im Evolutionsprozess zu erklären (Porter 2004).

Die Unterscheidung zwischen *Geno*- und *Phänotyp*, die 1911 von dem dänischen Botaniker Wilhelm Johannsen eingeführt wurde, war von grundlegender Bedeutung für die Annäherung zwischen den Ansätzen der Zuchtexperimente und Zellstudien in der Genetik und der statistischen Populationsforschung in der Biometrie, selbst wenn es nicht Johannsen selbst war, der weitere Schritte in diese Richtung unternahm. Johannsen erklärte, dass die mendelsche ›Genotyp-Konzeption‹ von Vererbung eine klare Unterscheidung zwischen der Summe der Gene eines Organismus und dessen Morphologie erfordere. Während das Studium der Morphologie von Organismen allmähliche Veränderungen innerhalb der Population aufzeige (›Phänotyp-Konzeption‹), seien Genotypen diskontinuierlich. Darüber hinaus habe die Vererbung nichts mit den individuellen Qualitäten eines Organismus zu tun, sondern allein mit seinem Genotyp, der gänzlich unbeeinflusst von der Ontogenese und der Umwelt sei (Johannsen 1911).

Dass sich die Genetiker auf der Suche nach Antworten auf Fragen der Evolution dem Genotyp zuwandten, stellte einen Bruch mit der langen Tradition dar, die Evolution der Art analog zur Entwicklung des Phänotyps zu denken. Bereits der in Österreich geborene Genetiker und Embryologe August Weismann hatte den Neolamarckismus widerlegt und damit die Trennung von Onto- und Phylogenese eingeleitet. Der Neodarwinist Weismann postulierte, dass das Keimplasma nicht durch die Umwelt beeinflusst werde.[16] Diese Behauptung basierte unter anderem auf einem Experiment, in dem Mäusen die Schwänze abgeschnitten wurden – die Nachfahren der Tiere hatten normale Schwänze (*Das Keimplasma. Eine Theorie der Vererbung* 1892). In der Folgezeit wurde die Vorstellung der Vererbung erworbener Eigenschaften sowohl von Genetikern als auch von Biometrikern aufgegeben und der Genotyp wurde zum alleinigen Lokus der Vererbung. Das Zusammenkommen dieser beiden Entwicklungen – das Aufbrechen des notwendigen Zusammendenkens von individueller Entwicklung und Evolution, das durch die Wiederentdeckung der Mendelschen Gesetze initiiert wurde, und der Durchbruch des Konzepts der ›harten Vererbung‹ – hat den Wissenschaftshistoriker Peter Bowler dazu veranlasst, von einer *Mendelschen Revolution* zu sprechen, wenn auch teilweise, um ein Gegengewicht zur Historiografie der darwinschen Revolution einzubringen (Bowler 1988: 113–125; 1989 [1983]: 270–281; 1989a: 93–127, 128–143).

Eine Annäherung zwischen dem mendelschen und dem darwinschen Ansatz bahnte sich in der experimentellen Forschung mit *Drosophila melanogaster* an, die von Thomas Hunt Morgan und anderen an der Columbia University betrieben wurde. Hierbei konnte bestätigt werden, dass die Chromosomen die materielle Grundlage der Vererbung sind (Morgan/Sturtevant/Muller/Bridges 1915). Es wurde auch deutlich, dass Mutationen generell kleine phänotypische Effekte zeitigen und große Mutationen oft tödlich sind. Damit schien die darwinsche Vorstellung von kleinen allmählichen Veränderungen, gelenkt durch die natürliche Selektion, plausibler als große, artbildende Modifikationen. Man erkannte auch, dass Mutationen nicht die einzige Ursache für die genetische Variabilität innerhalb einer Population sind, auf die die Selektion einwirken kann. Neben der Rekombination der Chromosomen in der Fortpflanzung und der Entstehung von Allelen durch Mutation ermöglichte es der sogenannte Crossing-over-Prozess – das Brechen und Neu-Zusammenfügen von Chromosomenabschnitten, also von Genen, in der Meiose –, komplexere Fälle von Vererbung zu erklären (Morgan 1926). Es zeigte sich, dass manche Eigenschaften von mehr als einem Gen beeinflusst werden, während ein Gen an der Ausprägung von mehr als einem Merkmal beteiligt sein kann. Dies erklärte, wieso sich die phänotypische Variation in natürlichen Populationen nur unbefriedigend mit den Mendelschen Gesetzen beschreiben ließ. So bahnte die experimentelle Genetik den Weg für die Synthese von darwinschen und mendelschen Konzepten (Allen 1980). Da die experimentelle Genetik zudem gezeigt hatte, dass die Vererbung auch bei einfachen Organismen weitaus komplexer ist als bis dahin angenommen, wurde es unwahrscheinlicher, dass die aus der Genetik gewonnenen Erkenntnisse über die Vererbung genügen würden, um komplexe soziokulturelle Phänomene beim Menschen zu erklären.

Trotzdem bestand eine enge Verbindung zwischen der neuen Wissenschaft der Vererbung und der Eugenikbewegung. An dieser Stelle müssen wir kurz auf Galton zurückkommen, dessen mathematisch-statistischer Ansatz in der Untersuchung menschlicher Populationen tatsächlich auch die Einführung der biometrischen Methoden in die allgemeine englische Populationsforschung initiiert hatte. Den Begriff der Eugenik prägte Galton 1883 in seinen *Inquiries into Human Faculty and Its Development.* Galton glaubte, dass die menschliche Art durch zwei Mechanismen ›verbessert‹ werden könnte: die Beseitigung unerwünschter Eigenschaften und die gezielte Vermehrung von wünschenswerten Merkmalen. Diese von Menschen gesteuerte Evolution könne unter anderem durch eine gezielte Einflussnahme auf die Heirats- und Fortpflanzungspraktiken herbeigeführt werden, etwa durch finanzielle Anreize für die besser gestellten Schichten und freiwilliges Zölibat der ›Ungeeigneten‹.[17] Anfang des 20. Jahrhunderts wurden solche Überlegungen zu umfassenden wissenschaftlichen und politischen Programmen. EugenikerInnen glaubten, in den industrialisierten Gesellschaften Zeichen der Degeneration zu erkennen, etwa im Elend der Slums, in der zunehmenden Kriminalität und der Ausbreitung von Krankheiten. Die Eugenik richtete sich deshalb gegen die unterprivilegierten Schichten, zu denen auch die Mehrheit der ausländischen EinwanderInnen gehörte. So wurden Aspekte von Klasse, Nation und ›Rasse‹ vermischt und in eugenischen Abhandlungen Elitismus und Rassismus oft miteinander verflochten.

Innerhalb der Wissenschaften erkannte gerade auch die junge Genetik in der Eugenik das Mittel, um ihre gesellschaftliche Relevanz zu beweisen. Allerdings nahm die Eugenik in verschiedenen europäischen Ländern und in den USA jeweils eine spezifische Prägung an. In den ersten Jahrzehnten des 20. Jahrhunderts wurde Amerika – wo die Eugenik besonders stark mit dem Mendelismus verbunden war – das Ziel einer wachsenden Zahl von EinwanderInnen, und die damit verbundenen sozialen Probleme wurden als durch eine rasche Urbanisierung verstärkt wahrgenommen. Hier fühlten sich Menschen mit angelsächsischem Hintergrund der ›hochstehenden nordischen Rasse‹ zugehörig; und diese wähnten sie durch die von ihnen als Angehörige ›niedrigerer Rassen‹ angesehenen ImmigrantInnen beispielsweise aus dem Mittelmeerraum und dem Baltikum bedroht (z.B. Davenport 1911: Kap. 5; dazu Barkan 1992: 66–76). In Großbritannien wuchs die durch die Biometrik weniger ausschließlich mit dem Mendelismus verbundene Eugenikbewegung hingegen hauptsächlich aufgrund von Klassenrivalitäten.[18] In Deutschland war die Eugenik als ›Rassenhygiene‹ bekannt und eng mit der Anthropobiologie verknüpft, der Fusion von Anthropologie und Mendelscher Genetik.[19]

Während in Frankreich, wo die EugenikerInnen überwiegend NeolamarckistInnen waren, das soziokulturelle Umfeld als prägend für die Menschen angesehen wurde, hatten die britische, die US-amerikanische und die deutsche Eugenik also eine biologisch-deterministische Sicht auf die menschliche Natur und den Glauben an die Selektion im Sinne Darwins als Mechanismus zur Eliminierung der Schwächeren gemeinsam. Sollte die natürliche Selektion in zivilisierten Gesellschaften nicht mehr wirksam sein, so müsse sie durch eine künstliche Selektion ersetzt werden, um die Degeneration der ›überlegenen Schichten oder Rassen‹ aufzuhalten und in ihr Gegenteil, eine fortschrittliche Evolution, zu verkehren. Es galt, die Ausprägung und Verbreitung von vermeintlich erblichen Eigenschaften wie körperlicher Fitness, Intelligenz, Moral, Kriminalität und ›Wahnsinn‹ in den Griff zu bekommen. In diesem Sinne war Eugenik ein internationales (auch in Australien, Dänemark, Irland, Italien, Japan, Kanada, Lateinamerika, den Niederlanden, Norwegen, Russland, Schweden und in der Schweiz anzutreffendes) und international organisiertes Phänomen (Kühl 1997: Kap. 3).

Die Eugenikbewegungen hatten aber auch GegnerInnen. Eine zentrale Figur, insbesondere für den Zusammenhang mit der Anthropologie, war Boas, der sich der Eugenik und dem Rassismus als Ethnologe, physischer Anthropologe, Sprachwissenschaftler, Archäologe und politisch verantwortungsbewusster Bürger entgegenstellte. Boas trat für die Vier-Felder-Tradition der amerikanischen Anthropologie ein. Gleichzeitig kritisierte er die physische Anthropologie seiner Zeit sowie die evolutionären Erklärungen von Kultur und Gesellschaft, wie sie bei Spencer, Tylor und Morgan zu finden waren. Mit seiner relativistischen und egalitären Haltung setzte er auch zentrifugale Kräfte frei, die die kulturelle zunehmend von der biologischen Anthropologie distanzieren sollten (Clifford 2005). Dabei ist Boas' akademische Inkulturation im deutschen Kontext nicht unwichtig. Boas war von Virchow in physischer Anthropologie unterrichtet worden und arbeitete im Ethnologischen Museum in Berlin unter Bastian (damals Museum für Völkerkunde). Mit Bastian und Virchow entstammte seine Anthropologie einer monogenistischen, aber evolutionskritischen Tradition. Die evolutionäre Schau wurde in der deutschen Ethnologie zugunsten einer empirischen, enzyklopädischen Beschäftigung mit der Vielfalt innerhalb der menschlichen Einheit abgelehnt. Dennoch hatten für Bastian die ›Naturvölker‹ keine oder kaum Kultur und Geschichte und konnten daher Einblicke in die Natur des Menschen gewähren (Penny 2002).

Im Anschluss an seine Habilitation zu den Resultaten aus Inuit-Feldstudien und nachdem er Untersuchungen zu IndianerInnen in British Columbia durchgeführt hatte, ließ sich Boas ganz in den USA nieder (1887), wo er zu dem wichtigsten Anthropologen der ersten Jahrzehnte des 20. Jahrhunderts avancierte. Boas bekleidete Positionen an der Clark University (Worcester, Massachusetts), am Field Museum in Chicago sowie am American Museum of Natural History in New York. Schließlich konzentrierte er sich auf die Einrichtung eines anthropologischen Studienprogramms an der Columbia University, wo er ab 1899 eine Professur innehatte und durch seine SchülerInnen und sein Engagement für die Institutionalisierung der Anthropologie die Wissenschaft – insbesondere die Kultur- und Sozialanthropologie – nachhaltig prägte.

Im Aufsatz »The Mind of Primitive Man«, der 1901 in *Science* erschien, warf Boas die Frage auf, »whether there is a sufficient difference in grade to allow us to assume that the present races of man may be considered as standing on different stages of the evolutionary series, whether we are justified in ascribing to civilized man a higher place in organization than to primitive man« (Boas 1901: 283). Nach einer relativistischen Einschätzung von ›primitiven‹ und ›zivilisierten‹ Menschen beantwortete er die Frage verneinend. Die Behauptung einer Überlegenheit der ›weißen Rasse‹ oder der Angelsachsen habe keine Grundlage. Im Buch *The Mind of Primitive Man* von 1911 führte er sein Argument weiter, dass die drei Variablen ›Rasse‹, ›Kultur‹ und ›Sprache‹ unabhängig voneinander seien und ihre Verteilung keinem gemeinsamen Muster folge. Darin ist ein Votum für ein eigenständiges Studium der Kulturen angelegt, und Boas forschte nicht zur Evolutionsgeschichte der ›Menschenrassen‹, sondern konzentrierte sich auf die Situation in der Gegenwart. Er nahm den politischen Kampf gegen den internationalen und amerikanischen Rassismus auf, insbesondere in seiner Erscheinungsform als Theorie einer ›nordischen‹ Überlegenheit, die mit den Einwanderungsbeschränkungen der 1920er Jahre zusammenhing.

Boas war an einer Untersuchung der Einwanderungskommission des US-Kongresses über den Zustand des ›alteingesessenen amerikanischen Typs‹ beteiligt, die durch die Befürchtung motiviert war, dass sich die ›nordische Rasse aufgrund der Durchmischung mit neuen EinwanderInnen verschlechtere‹; die Resultate wurden 1911 als *Dillingham Report* veröffentlicht. Boas vermaß unter anderem den Wuchs und die Schädel von italienischen und jüdischen Einwanderern erster und zweiter Generation und verglich die Resultate. Er befand, dass die Unterschiede zwischen diesen eingewanderten Ethnien kleiner waren als zwischen ihren Herkunftsvölkern in Europa. Schädelformen und andere Charakteristika wiesen demnach eine gewisse Plastizität auf, statt dauerhafte und unveränderliche klassifikatorische Parameter zu sein. Seine Daten und seine Interpretation, die beide große Aufmerksamkeit auch in der Presse erhielten, wurden von amerikanischen und europäischen AnthropologInnen scharf kritisiert. Einige dachten, Boas behaupte die Existenz eines amerikanischen Typs, andere, dass er beabsichtige, den Lamarckismus zu beweisen, und wieder andere, dass er die Kraniologie untergraben wolle, indem er den Schädelindex als irrelevant für die Rassenklassifikation entlarve. Vielen WissenschaftlerInnen missfielen die politischen Implikationen von Boas' Arbeit und/oder die Tatsache, dass er in seinen Betrachtungen den Einfluss der Umwelt stärker zu gewichten schien als jenen der Vererbung. Tatsächlich interessierte sich Boas nicht nur für den Einfluss der Umwelt, sondern verstand aus seiner Kenntnis von Galtons und Pearsons Arbeit auch das biometrische Konzept der Population.[20]

Zum selben Thema äußerte sich der zweite große physische Anthropologe der Zeit, der jedoch ein Gegner der statistischen Methoden zur Auswertung anthropometrischer Daten war. Ales Hrdlicka untersuchte ›Weiße‹, deren vier Großeltern alle in den Vereinigten Staaten geboren waren. Er fand heraus, dass die Mitglieder dieser Kohorte, die von den Engländern, den Schotten, den Walisern und den Iren abstammte, sich so stark von den europäischen Ursprungstypen unterschieden wie untereinander. In *Old Americans* (1925) kam Hrdlicka nun tatsächlich zum Schluss, dass es so etwas wie einen amerikanischen Typ gebe, der als ›Verbesserung gegenüber seinen westeuropäischen Vorfahren‹ gelten könne. Wie Boas war auch Hrdlicka ein Immigrant, und möglicherweise lag es an seinem eigenen böhmischen Hintergrund, dass er nicht für eine Beschränkung der Einwanderung bestimmter Bevölkerungsgruppen eintrat. Er lehnte das Angebot des wortführenden amerikanischen Eugenikers Madison Grant, im Einwanderungsausschuss der eugenischen Gesellschaft mitzuwirken, genauso ab wie die finanzielle Unterstützung der Galton Society für die von ihm gegründete Zeitschrift *American Journal of Physical Anthropology*. Dennoch war er Anfang der 1920er Jahre Mitglied der eugenischen Gesellschaft und verweigerte die Teilnahme an Kampagnen gegen den Nationalsozialismus (Barkan 1992: 97–100).

Da die amerikanischen und britischen AnthropologInnen relativ isoliert voneinander waren, blieb Boas' Einfluss in Großbritannien, wo sich die Anti-Rassismus-Bewegung in der Biologie und weniger in der Anthropologie formierte, beschränkt. Im Großbritannien der 1920er Jahre herrschte noch ein simplistischer biologischer Determinismus, aber es kam eine neue Biologie auf, die von einer Gruppe liberaler Egalitaristen angeführt wurde. Der Kulturhistoriker Elazar Barkan hat argumentiert, dass es nicht das wachsende Wissen um die Funktionsweise der Vererbung und Evolution per se gewesen sei, das dem schlimmsten Elitismus und Rassismus ein Ende bereitete. Vielmehr hätten die politischen Überzeugungen der Mehrheit der ›neuen Biologen‹ den Einfluss dieser ›-ismen‹ auf die Wissenschaft geschwächt. Die Eugenikbewegung vermochte zu Beginn nicht nur wissenschaftlich, sondern auch politisch ein breites Spektrum zu bündeln; sie einte liberale Konservative wie Leonard Darwin, Liberale wie Julian Huxley und Sozialisten wie Pearson und J.B.S. Haldane (der später Kommunist wurde) im Glauben an die Bedeutung des Wissens über die Vererbung für die Zukunft der Gesellschaft. Spätestens in den 1930er Jahren galt die Bewegung aber als konservativ geprägt, weshalb ihr, so Barkans Einschätzung, Linke aus politischen Gründen den Rücken kehrten (ibid.: Kap. 3–5; auch Stepan 1982: Kap. 5–6; Bowler 1989a: Kap. 8).

Für die physische Anthropologie spielte die Anwendung der neuen Methoden aus der Biologie in der Untergrabung der Rassentypologie aber schließlich eine wichtige Rolle, insbesondere deren Korrelation von mentalen Merkmalen und Verhaltensweisen mit morphologischen Charakteristika. Die Biometriker zweifelten die alte typologische Konzeption der ›Rassen‹ in der Anthropologie an, weil sie mit einem statistischen und populationsorientierten Verständnis arbeiteten. Die AnthropologInnen vernachlässigten demnach durch ihren Fokus auf einen ›idealen Rassetypus‹ dasjenige Element, welches für die Biometriker die eigentliche Grundlage der Evolution darstellte: die Variation. Dies bedeutete noch nicht automatisch eine Abkehr von Rassenhierarchien und Eugenik. Aber gerade auch über die wissenschaftliche Argumentation versuchten britische Biologen wie Huxley, Haldane, Lancelot Hogben und andere die traditionelle Rassenanthropologie und die ›klassische Eugenik‹ zu unterminieren. Es galt, die Anthropologie auf den neuesten Stand der Biowissenschaften zu bringen, speziell in Bezug auf das Wissen über Vererbung und Evolution (Sommer 2012c; 2014).

Huxley war in der Unterminierung des Rassebegriffs federführend. Mit dem Anthropologen Alfred Haddon publizierte er *We Europeans* (1935), worin die beiden Autoren die Anthropologie als eine hinter ihrer Schwesterwissenschaft, der Biologie, zurückgebliebene Disziplin darstellten, da sie die neue Mendelsche Genetik und die Methoden der Biometrie in der Analyse der großen Menge an Daten von europäischen und nicht-europäischen Ethnien noch nicht genügend einsetze. Zwar sei den AnthropologInnen die genetische Variabilität der Populationen nicht zugänglich, aber Huxley und Haddon schlugen vor, dass sie Merkmale von geringem adaptivem Wert als Substitute für Gene verwenden sollten. Untersuchungen sollten an einer ausreichenden Zahl zufällig ausgewählter Individuen durchgeführt und die Ergebnisse statistisch ausgewertet werden. Huxley und Haddon zeigten auf, dass es unmöglich war, die in der Wissenschaft geläufige Vorstellung von ›Rasse‹ – ganz zu schweigen von den populären Missverständnissen – durch anthropometrische Messungen oder mit anderen Mitteln zu begründen. Der Begriff der Rasse sollte daher durch den politisch weniger belasteten Begriff der *ethnic group* ersetzt werden und auf Spektren der Variation von Merkmalen verweisen statt auf Mittelwerte. Huxley und Haddon erklärten Begriffe wie ›Rassemerkmale‹ und ›nationale Charakteristika‹ für bedeutungslos, weil es sich dabei in Wahrheit um komplizierte, nicht zu entwirrende genetisch-kulturelle Amalgame handle. Insbesondere der Glaube an die ›nordische und arische Überlegenheit und an reine Rassen‹ (in Vergangenheit und Gegenwart) wurde auf den Prüfstand gestellt und zum Mythos erklärt, sodass das Buch als Kritik des Nationalsozialismus und des Rassismus im Allgemeinen verstanden wurde (Stepan 1982: 160–169; Bowler 1989a: 125 und Kap. 6 allgemein; Sommer 2012c; 2014).

Zu den frühen Versuchen, die deskriptive Methode und die vergleichende Messung (speziell in der Kraniologie) durch statistische Analysen zu ersetzen, gehört die biometrische Untersuchung von Geoffrey McKay Morant an paläolithischen Schädeln. Der in der Schädelvermessung höchst versierte Anthropologe führte seine Forschung in Pearsons Galton Laboratory am University College London durch. Mithilfe der Methoden der Statistiker und Eugeniker Galton und Pearson versuchte Morant, aus einer riesigen Menge von Daten eine Rassentypologie herauszufiltern. Aber je mehr Daten er einbezog, desto verwirrender wurde das Ganze. Bei Ausbruch des Zweiten Weltkriegs veröffentlichte er schließlich *The Races of Central Europe* mit einem Vorwort von Haldane in der Absicht, gegen das beinahe universelle Rasseverständnis zu protestieren (Morant 1939: 9). Morant bewies, dass, im Widerspruch zur politischen Verwendung des Rassekonzepts, kulturelle Eigenschaften wie Sprache nicht auf biologische Rassen verwiesen. Seiner statistischen Analyse zufolge verlief die Verteilung von biologischen Merkmalen wie Haut-, Haar- und Augenfarben, Schädelindizes, Körpergröße und Blutgruppen in Zentraleuropa nicht entlang der Sprachgrenzen. Tatsächlich zeigten die Daten überhaupt keine klar begrenzten Gruppen, sondern jedes Merkmal wies Häufigkeitsgradienten auf, die sich darüber hinaus für die verschiedenen Merkmale nicht deckten. Offensichtlich war die von den Nationalsozialisten behauptete deutsche (und deutschsprachige) Rasse ein Mythos (siehe auch Morant 1934; 1940; 1944: insbesondere 17).

Solche Studien und Einsichten markierten eine Krise der physischen Anthropologie. In dem Versuch, auf die neuen Entwicklungen in der Biologie und der Anthropologie einzugehen, unternahmen physische AnthropologInnen mitunter eigentümliche Untersuchungen und entwickelten idiosynkratische Theorien. Wie Keith schrieb etwa auch der mächtige Paläontologe am American Museum of Natural History, Henry Fairfield Osborn, der ein engagierter Eugeniker war, über die Mechanismen der Evolution. Die Vorstellung der Vererbung erworbener Eigenschaften war Bestandteil seiner Ausbildung gewesen, aber Osborn wurde bereits von Weismanns Konzept der harten Vererbung irritiert und setzte sich später mit den Einsichten der Genetik auseinander. Er entwickelte schließlich ein sogenanntes duales Prinzip, wonach die Evolution auf zwei Prozessen beruhe. Der eine umfasse Änderungen der Proportionen oder Funktionen in existierenden Strukturen (*alloiometry*), der andere die Entstehung völlig neuer Strukturen. Dieser zweite Prozess, den Osborn als *aristogenesis* bezeichnete, bestand in einer allmählichen Entfaltung neuer Strukturen oder biochemischer Mechanismen auf der Basis des Potenzials für adaptive Entwicklungen, das im Erbgut eines Phylums angelegt war. Solche neuen Strukturen würden sich langsam entwickeln; sie müssten in geologischen Zeiträumen beobachtet werden beziehungsweise seien nur an paläontologischen Funden feststellbar. Sobald eine solche Entwicklung in Gang gesetzt sei, würde sie sich als adaptiver Trend fortsetzen, der allerdings auch degenerativ werden könne.

Osborn hielt die Arten also für das Resultat unterschiedlicher Potenziale für adaptiven Wandel, die sich in den ›Aristogenen‹ materialisierten, die ihrerseits Teil des ›Genplasmas‹ seien. Er widersprach Batesons Idee der diskontinuierlichen Evolution und hielt auch die neodarwinistischen Mechanismen der spontanen Veränderung und Selektion für nicht ausreichend, um evolutionären Wandel zu erklären. Stattdessen behauptete er, die Umwelt könne direkte Auswirkungen auf die Richtung der Evolution einer Art haben, indem sie die aristogenetische Entwicklung neuer Strukturen auslöse. Die ›Aristogene‹ als Teil des ›Rassenplasmas‹ lagen für Osborn auch den unterschiedlichen Entwicklungspotenzialen der ›Menschenrassen‹ zugrunde. Während Osborns orthogenetische Ideen außerhalb der paläoanthropologischen Gemeinschaft, wo sie beispielsweise von Keith aufgenommen wurden, wenig Erfolg hatten, fand das Konzept der ›Aristogene‹ Anklang bei EugenikerInnen (Osborn 1930; 1931;

1933; 1934a; 1934b; Regal 2002: 183–185; Sommer 2007b; 2010c; 2016, im Erscheinen).

Eine ebenso einflussreiche Figur, wie es Osborn für die Entstehung einer amerikanischen Paläoanthropologie war, war sein jüngerer Landsmann Ernest Albert Hooton. Hooton hatte sein Diplom in Anthropologie an der Universität Oxford gemacht, wo er unter anderen den renommierten Ethnologen Robert Marett kennenlernte. In England wurde er auch Keith vorgestellt, den er sehr bewunderte.[21] Von dort ging Hooton 1913 nach Harvard, wo er während der nächsten vierzig Jahre lehrte. 1915 übernahm er zusätzlich das Kuratorium der Somatologie (physische Anthropologie) am Peabody Museum. Zum Zeitpunkt seines Todes waren die meisten physischen Anthropologen in den USA ehemalige Schüler von ihm. Wie die Versuche Osborns zeugen auch Hootons Anstrengungen, die neuen Ansätze und Erkenntnisse aus Biologie und Anthropologie in seine Wissenschaft zu integrieren, von einer Übergangsphase. Auch in Bezug auf die Rassenfrage und die Eugenik äußerte er sich höchst widersprüchlich.

In *Up from the Ape* (1931) diskutierte Hooton die unterschiedlichen Rassenverständnisse und erklärte, dass es keinen Konsens über die Definition des Begriffs oder dessen Aussagekraft in Bezug auf Menschen gebe. Er teilte die AnthropologInnen in drei Kategorien ein: Boas' mächtige Schule der Umweltler, die jegliche Korrelation kultureller oder psychologischer Merkmale mit den ›biologischen Rassen‹ abstritten; die Rassisten oder Ethnomanen, die ohne wissenschaftliche Beweise eine enge Beziehung zwischen ›Rassetyp‹, Kultur und Psychologie annahmen; und die Biometriker, die irgendwo dazwischen standen, indem sie zwar Messungen durchführten, aber keine rassische Klassifikation vornahmen. Obwohl Hooton vorgab, in diesem Spektrum eine mittlere Position einzunehmen, versuchte er den fehlenden Beweis für die Existenz der ›Menschenrassen‹ und auch für den Zusammenhang zwischen den physischen und mentalen ›Rasseneigenschaften‹ mittels biometrischer Methoden zu erbringen. Nach einer Diskussion der morphologischen und physiologischen Merkmale, die möglicherweise der Klassifikation dienen könnten, schlug er die alte Aufteilung in ›Negroide‹, ›Mongoloide‹, ›Weiße‹ und ›Hybride‹ vor, die er dann noch weiter unterteilte (Hooton 1931: 394–605). Hooton wollte auch die Möglichkeit der Vererbung erworbener Eigenschaften nicht aufgeben. Wie Osborn und andere AnthropologInnen seiner Zeit konnte er die Implikationen nicht akzeptieren, die sich aus einer rein harten Vererbung ergaben: »The animal has no part in his evolution [...] Individual strivings are of no avail for future generations; every unfortunate infant has to start over again with nothing but the obsolete outfit of his inheritance.« (ibid.: 599–600) Weit entfernt von diesem düsteren Szenario, sah Hooton auf eine sehr amerikanische Weise auch in der Evolution das Prinzip des *self-made man* am Werk (ibid.: 597–605, der Begriff des *self-made man* findet sich auf 601).

Die etwas zweideutige Haltung zur Rassenfrage wird in einem Aufsatz in *Science* von 1935 noch deutlicher, in dem Hooton die Beobachtung machte, dass ›Rassen‹ bis zur Wende zum 20. Jahrhundert anhand von Sprache, Geografie und Nationalität beschrieben worden seien, während sie nun über eine gemeinsame Abstammung und gemeinsame Erbanlagen definiert würden. Die Wiederentdeckung der Mendelschen Genetik und die Erkenntnisse der experimentellen Genetik erforderten große Sorgfalt in der Definition dessen, was erblich ist, und zwängen den Anthropologen, mit minutiösen Vermessungen nach jenen kleinen Unterschieden zwischen Typen zu suchen, die auf erbliche Einheiten verweisen könnten. Hooton räumte ein, dass jüngste Studien zur ›Rassenhybridisierung‹ zeigten, dass diese nicht zu Unfruchtbarkeit und ›minderwertigen‹ Menschen führe und dass der einfache Schlüssel ›ein Gen – ein Merkmal‹ nicht anwendbar sei. Die menschliche Vererbung war zu kompliziert, als dass die Merkmalsverteilung mit den Mendelschen Gesetzen vorausgesagt werden konnte. Hooton betonte aber, dass die Methoden zur Datensammlung und statistischen Auswertung aus Pearsons Biometrie viel zur Zuverlässigkeit der physischen Anthropologie beigetragen hätten. Technische Revolutionen wie die Rechenmaschine wirkten darüber hinaus Wunder in der Arbeit mit Daten von einer Vielzahl an Individuen. Hooton gab sich immer noch zuversichtlich, dass auf diese Weise eine definitive ›Rassenklassifikation‹ erreicht würde. Bis dahin galten ihm allerdings Behauptungen über die ›Minderwertigkeit oder Überlegenheit von Rassen‹ als unwissenschaftlich (Hooton 1935).

Weiter unten im selben Text behauptete Hooton dennoch die körperliche Unterlegenheit von Kriminellen und die Notwendigkeit der züchterischen Auswahl in einer Gesellschaft. Bei der Frage, welche Art von Menschen diese Auswahl hervorbringen sollte, legte er sich nicht fest; er war sich aber sehr sicher, welche er nicht wollte: »What we must avoid is a progressive deterioration of mankind as a result of the reckless and copious breeding of protected inferiors. We have not the knowledge to breed supermen, but we can limit the reproduction of criminals and mental defectives. Let us cease to delude ourselves with the belief that education, religion or other measures of social amelioration can transform base metal into gold. Public enemies must be destroyed – not reformed. We need a biological new deal which will segregate and sterilize the anti-social and the mentally unfit. Intelligent artificial selection should replace natural selection.« (ibid.: 31)

Der Widerspruch zur Utopie vom *self-made man* ist offensichtlich. Hootons Äußerungen ›zu rassischen Hierarchien, zu würdigen und weniger würdigen Personen‹ und in Bezug auf die Frage, wie die beiden miteinander interagieren, waren wie bei vielen anderen AnthropologInnen inkonsistent. Sein System des evolutionären und gesellschaftlichen Wandels war nicht kohärent. Nach Hooton war das menschliche Tier nicht allein durch seine Gene bestimmt, sondern konnte sich durch Anstrengung und Eigeninitiative um größere körperliche und geistige Vollkommenheit bemühen. Gleichzeitig war sein Erbe durch eine lange Ahnenreihe festgelegt und definierte die Ausgangslage im Kampf um Perfektion. Die Individuen privilegierter sozialer Schichten (und diejenigen mit einer vorteilhaften ›rassischen Zusammensetzung‹) hatten einen Startvorteil in diesem Rennen. In einer anspruchsvollen und nicht völlig unnatürlichen Umwelt würden sie reüssieren. Im Gegensatz dazu wiesen diejenigen mit ›geringerer Intelligenz und schwachen Körpern‹ am unteren Ende der Gesellschaft ein geringes Entwicklungspotenzial auf – sie durch Bildung und Wohlfahrt voranbringen zu wollen erschien Hooton deshalb vergebliche Mühe.

Tatsächlich hatte sich Hooton seit 1926 auf die Suche nach einer biologischen Grundlage für Kriminalität gemacht, zu einer Zeit, in der die Kriminalanthropologie an Bedeutung verloren hatte. Die Lösungsvorschläge für soziale Probleme, die Hooton in *Apes, Men, and Morons* (1937) und *Crime and the Man* (1939) (*American Criminal* war die ›wissenschaftlichere‹ Version) machte, darunter Kontrolle der Fortpflanzung und die Beseitigung von ›minderwertigen Typen‹, sind mit den nationalsozialistischen Maßnahmen in Verbindung gebracht worden. In *Twilight of Man* (1939) präsentierte Hooton in seiner gewohnt erschreckend leichtfertigen Sprache und in seinem bösartig sarkastischen Stil seine zunehmend pessimistische Weltsicht: »The markets of the world are glutted with a surplus of human material of inferior quality. Why do not paternalistic governments offer bonuses for

crop restriction?« (Hooton 1939: 3) Der Aufruf zur entsprechenden ›Verbesserung‹ der menschlichen Maschine schien unmittelbar aus der menschlichen Natur und Evolution abgeleitet, wie sie der Anthropologe ans Licht gebracht hatte. Hootons Antihumanismus und technokultureller Pessimismus waren eindeutig, seine politische Botschaft nicht: »We must not rush into rash and wholesale execution of stringent biological measures for bettering man when as yet we know virtually nothing of man's biology. We need not stultify our humanitarian consciences by sterilizing the insane and killing criminals as long as our primate gullets strain at that particular gnat and swallow with facility the camel of righteous murder which is called war.« (ibid.: 57) Gleichzeitig betonte Hooton seine Ablehnung der aktuellen medizinischen Praxis, die die »moronic masses« (ibid.: 277) fördere, ihr Überleben und ihre Vermehrung, ihre Kriminalität und ihren Müßiggang ermögliche (ibid.: 251–305).

Ambiguität war auch Teil von Hootons Leben. Obwohl er rassistische Propaganda betrieb und sozial konservativ war, fand Boas 1935 in ihm einen Verbündeten im Kampf gegen den Rassismus. Sein öffentliches Engagement beinhaltete Vorträge und sogar ein Drehbuch. Zur selben Zeit verweigerte auch Osborns anthropologischer Zögling am American Museum of Natural History, William King Gregory, eine Mitgliedschaft in der Galton Society, obwohl er die Idee der Vorherrschaft der ›weißen Rasse‹ vertrat. Dass einige Mitglieder Hitler lobten, ging ihm jedoch zu weit, und er drückte gegenüber Hooton seine in sich widersprüchliche Haltung mit den Worten aus, dass »being a scientist I am also a *Homo sapiens*«. Hooton zeigte Verständnis für Gregorys Entscheidung und schlug eine Einladung des Geschäftsführers der eugenischen Gesellschaft zu einer Konferenz mit den Worten aus: »I have felt for many years that this society has been mixing up racial discrimination with eugenics propa-

ganda and I emphatically do not approve of such a policy and do not wish to be associated with it.«[22] Der Vorwurf passt zu Hootons öffentlicher Distanzierung vom Rassismus bei gleichzeitiger Werbung für die Eugenik, wenn aus den obigen Betrachtungen auch klar geworden ist, dass er in seiner eigenen Arbeit genau diese Verquickung von Rassismus und Eugenik vollzog. Seine wiederholte Beteuerung, dass »as a physical anthropologist, I neither like nor dislike groups, peoples, or races, but only individuals« (Hooton 1939: 250), strafte er, wie wir gesehen haben, in denselben Schriften Lügen.

Der Zweite Weltkrieg hatte schließlich auch in den USA zur Folge, dass die AnthropologInnen mit drastisch reduziertem Personal auskommen mussten. Laut Hooton belegten 6500 Mitglieder der Streitkräfte Kurse in Harvard, zum Beispiel für die Verwaltung in Übersee. Hooton sah den Krieg aber auch als eine Möglichkeit, die Anwendbarkeit der Anthropometrie (als *Human Engineering* bezeichnet) zu beweisen. Für die Luftwaffe organisierte er eine Untersuchung von Körpergrößen zur Bestimmung des nötigen Flugzeugraums und für das Design verschiedener Ausrüstungsgegenstände wie Sauerstoff- und Gasmasken.[23] Die Erfahrungen des Zweiten Weltkriegs scheinen sich generell nicht einschneidend auf Hootons Haltung ausgewirkt zu haben. Noch 1948 schrieb er das Vorwort zu *Human Ancestry from a Genetical Point of View*, in dem Reginald Ruggles Gates, der zu dieser Zeit an der humangenetischen Forschung in Harvard beteiligt war, eine eugenische und polygenistische Haltung einnahm. Gates versuchte, die Genetik und die Vorstellung von rassischen Typen in einer spezifischen menschlichen Phylogenese und Klassifikation in Einklang zu bringen, mit der ich mich noch befassen werde (Ruggles Gates 1948: xv–xvi für Hootons Vorwort). Hooton verteidigte Gates gegen Angriffe der Egalitaristen, etwa im Bemühen um ein Forschungsstipendium der American Phi-

losophical Society: »Professor Ruggles Gates is a somewhat controversial figure amongst geneticists and physical anthropologists because he holds decided views on the diversity of human species and upon racial differences. Partly for this reason he has been under violent attack by certain anthropologists who desire to minimize racial differences. Some of these attacks have been most unfair, in my opinion. The work in genetics has been subjected to similar criticism.«[24]

Als er diese Zeilen schrieb, hatte die Rassenforschung als Paradigma der anthropologischen Wissenschaften ausgedient, und Ruggles Gates' Buch wurde zum Ziel vehementer Angriffe. Nach dem Zusammenbruch des ›Dritten Reichs‹ musste sich die internationale Gemeinschaft den nationalsozialistischen Verbrechen stellen, die von einer Kombination aus Ariertheorie und Humangenetik in der ›Rassenhygiene‹ unterfüttert waren. Dennoch war das *UNESCO Statement on Race* (1950/51) nicht nur eine Reaktion auf die Auswüchse der Eugenik und der Rassenanthropologie; es verwies gleichzeitig auf einen – wenn auch unvollständigen – Wandel, der durch das Wissen aus der Genetik und der Biometrie eingeleitet worden war. Und schließlich war es Ausdruck der Wirkung der neuen Populationsgenetik in andere Felder wie die Anthropologie hinein, der ich mich nun noch zuwende.

2.1.2 Die evolutionäre Anthropologie in der modernen Synthese

Der Weg zur Synthese des genetischen Wissens mit der darwinschen Variabilitäts-Selektions-Theorie wurde, wie im letzten Kapitel beschrieben, durch die Erkenntnisse aus der experimentellen Genetik insbesondere von Biologen um Morgans Fliegen-Gruppe gebahnt. Mathematische Populationsgenetiker gingen diesen Weg weiter. Der britische Statistiker und Genetiker Roland A. Fisher (*The Genetical Theory of Natural Selection* 1930), der amerikanische Biologe Sewall Wright (»The Roles of Mutation, Inbreeding, Crossbreeding, and Selection in Evolution« 1932) und der britische Mathematiker und Biologe Haldane (*The Causes of Evolution* 1932) erarbeiteten Modelle zur Veränderung von Allelhäufigkeiten in Populationen, die neben der natürlichen Selektion und Mutation Prozesse wie Migration und Gendrift miteinbezogen.

Durch die Zusammenarbeit der mathematischen Populationsgenetiker mit Feldbiologen gelang es schließlich, die theoretische Populationsgenetik durch empirische Beobachtungen an natürlichen Populationen zu erhärten. Mit seinem maßgeblichen Werk schloss der russisch-amerikanische *Drosophila*-Genetiker und Zoologe Dobzhansky, der mit Wright zusammenarbeitete, die Lücke zwischen theoretischer und ökologischer Populationsforschung. Dobzhansky war 1929 vor dem stalinistischen Regime in die USA geflohen, wo er an der Columbia University und am California Institute of Technology mit Morgan arbeitete. In *Genetics and the Origin of Species* von 1937 brachte Dobzhansky Erkenntnisse aus Laborgenetik, Modellierung und Populationsforschung sowie Taxonomie, Biogeografie und Ökologie im Rahmen einer populationsgenetischen Perspektive zusammen. Allgemein galt: Evolutionsbiologische Forschung betrachtet Populationen, nicht Individuen; die darwinsche Selektion wirkt auf die Variation in Populationen; nicht Großmutationen, sondern kleinste erbliche Änderungen führen zu Evolution; neben Mutation sichert die Rekombination in der sexuellen Fortpflanzung die Variabilität; Artenbildung ist die Folge von Kreuzungsbarrieren zwischen Populationen (Dobzhansky 1937; Ruse 1996: 285–455; 1999: Kap. 5).

Dobzhanskys Verdienst um die Synthese war groß, weil *Genetics and the Origin of Species* im Gegensatz zu den teilweise höchst mathematischen Werken allgemeinverständlicher war und auch in traditionell neolamarckistische Bereiche wie Paläontologie, Ökologie, Taxonomie und Biogeografie Eingang fand. Dies zeigte sich insbesondere in den Beiträgen des deutsch-amerikanischen Ornithologen und Systematikers Mayr (*Systematics and the Origin of Species* 1942) und des amerikanischen Paläontologen Simpson (*Tempo and Mode in Evolution* 1944), die die Anwendung der synthetischen Theorie auf ihre jeweiligen Fachbereiche in Angriff nahmen. Huxley trug schließlich in *Evolution: The Modern Synthesis* (1942) eigene und fremde Resultate aus den verschiedenen Bereichen der Biologie zusammen, die die neue synthetische Schau stützten, womit er der Bewegung einen Namen gab. Die Syntheseleistung sollte also auch in einem Zusammenbringen von BiologInnen aus unterschiedlichen Disziplinen bestehen, die bis dahin durch scheinbar unüberbrückbare theoretische sowie praktische Barrieren voneinander isoliert gewesen waren (z.B. Smocovitis 1996).

Tatsächlich waren die Ansätze und Ergebnisse der mathematischen und experimentellen Genetik schwer in die Feld- und Museumswissenschaften zu integrieren, zumal sie nicht Phänotypen und Makroevolution (z.B. Veränderungen und Artenbildung in Raum und Zeit) betrafen, sondern Genotypen und Mikrophänomene (z.B. Veränderungen in Genfrequenzen). Darüber hinaus war die Anwendung bestimmter Aspekte der ökologischen Synthese, wie des biologischen Artkonzepts, besonders schwierig für die Paläoanthropologie. Mayr schrieb: »How shall we determine which populations [of fossil man] are ›actually or potentially interbreeding‹? It is evident that we must use all sorts of indirect clues.« (Mayr 1950: 112) So hat Mayr in seinem gemeinsam mit William Provine herausgegebenen Buch über die Geschichte und Wirkung der evolutionären Synthese die Paläontologie als Stolperstein dargestellt: »The most determined opponents of the Darwinian theory were unquestionably the paleontologists. They furnished the leading neo-Lamarckians, the leading orthogenesists, and some of the leading saltationists [...] The gap between the findings of genetics laboratories and the findings of paleontologists seemed to be unbridgeable because of the difficulties of a genetic interpretation of macroevolution. This gap, in turn, delayed the synthesis until the division was closed by zoologists and paleontologists (Rensch and Simpson), with a minor contribution by Huxley [1942] and Mayr [1942]. Their work did not prove that macroevolution is governed by variation and selection, but simply showed that macroevolutionary phenomena can be explained in terms of the neo-Darwinian theory [...].« (Mayr 1980: 134)

Aus dem obigen Zitat geht deutlich die zentrale Rolle von Simpson hervor, dem Geologen und Kurator für Paläontologie am American Museum of Natural History. Simpson deutete die vermeintlich geraden und richtungsdeterminierten Entwicklungslinien von Paläontologen wie Osborn als differenzierende Evolution, wie Darwin sie sich vorgestellt hatte. Er zeigte, dass die Belege der Paläontologie konsistent mit den Mechanismen der Mikroevolution und durch diese ausreichend erklärt waren. Die Makroevolution bestand in einer Anhäufung mikroevolutionärer Phänomene, verstärkt durch Mechanismen wie Gendrift, die sporadisch zu vergleichsweise schnellen, nicht-adaptiven Veränderungen in Populationen führen konnten. Simpson betonte, dass die Paläontologie einen wichtigen Platz in der Synthese einzunehmen hatte, weil sie nicht allein mit den Modi der Evolution befasst war, die durch die Populationsgenetiker eingeführt wurden, sondern als einzige Disziplin auch das Tempo der Evolution untersuchen könne. Sie beschäftige sich mit der Geschichte der Lebensformen (Simpson 1944; Gould 1980).

Simpson wurde nicht müde, die statistische Natur des neuen Artbegriffs zu erklären (z.B. Simpson 1941), und wir haben gesehen, dass einige AnthropologInnen in den ersten Jahrzehnten des 20. Jahrhunderts mit statistischen Methoden experimentierten. Aber die rein morphologische und typologische Methode wurde auch gegen einen statistischen und populationsorientierten Ansatz verteidigt (2.2). Außerdem ist fraglich, ob die von Mayr festgestellte Kluft jemals überbrückt, geschweige denn nahtlos geschlossen wurde (Armelagos/Carlson/Van Gerven 1982; Lovejoy/Mensforth/Armelagos 1982). Obwohl wir nachverfolgt haben, wie ein ausgefeiltes System von Instrumenten und Messungen entwickelt wurde, um Ordnung in die Vielfalt der (fossilen) Menschen zu bringen, blieb der Stellenwert von Quantifizierung und erst recht von statistischer Auswertung umstritten, ja manche PaläoanthropologInnen setzten eher auf Intuition im Sinne eines geschulten Sehens (Sommer 2007a: 145–146).

Die Entwicklungen, die in der Synthese gipfelten, regten AnthropologInnen dennoch dazu an, ihre zentralen Konzepte und Methoden zu überdenken. In den USA war es insbesondere Sherwood Washburn, der in diesem Sinne eine neue physische Anthropologie ausrief. Washburn hatte seine Doktorarbeit in physischer Anthropologie bei Hooton in Harvard verfasst. Danach wurde er Dozent an der Columbia University, wo er Dobzhansky und die Ideen der evolutionären Synthese kennenlernte. Nachdem Washburn die Columbia University verlassen hatte, um am Anthropologischen Institut der University of Chicago zu arbeiten, organisierten die beiden ein Symposium zur Herkunft und Evolution des Menschen in Cold Spring Harbor (1950), in dessen Rahmen Washburn seine Vorstellung einer neuen Anthropologie vorstellte.

Washburn, der nacheinander Sekretär, Präsident und Vorstandsmitglied der American Association of Physical Anthropology war, organisierte die Sommerseminare in physischer Anthropologie der Wenner-Gren Foundation for Anthropological Research in New York, der einzigen Stiftung speziell für Anthropologie weltweit (1951 aus der Viking Fund Inc. von 1941 hervorgegangen). Auch sie fokussierte zunehmend auf internationale und interdisziplinäre Projekte. Die Ergebnisse der Sommerseminare wurden jeweils im *Yearbook of Physical Anthropology* veröffentlicht. 1952 präsentierte Washburn die »Strategy of Physical Anthropology« auf dem Symposium der Wenner-Gren Foundation zu ›Anthropologie heute‹. Sechs Jahre später nahm er eine Anthropologieprofessur an der University of California in Berkeley an, wo er zur zentralen Figur für die Institutionalisierung und Kanonisierung der physischen Anthropologie nach dem Zweiten Weltkrieg aufstieg. Wie sein Lehrer Hooton vor ihm betreute auch Washburn viele DoktorandInnen (über 35), die die nächste Generation der amerikanischen Anthropologie dominieren würden.

Washburns funktionale vergleichende Anatomie wurde als Teil des neodarwinistischen Rahmens und der synthetischen Evolutionstheorie konzipiert. In seinem Programm für die physische Anthropologie in der evolutionären Synthese war die Klassifikation nur von geringer Bedeutung für das Verständnis der Diversifikationsprozesse, während experimentell überprüfbare Hypothesen für ihn zentral waren. Messungen wurden zu einer unter vielen Methoden; verschiedene Zugänge und Techniken sollten auf spezifische Probleme angewendet werden. Dies bedeutete unter anderem die Einführung der Populationsperspektive unter Aufgabe der Typologie. Washburns neue physische Anthropologie stellte eine Kombination aus Funktions-, Verhaltens- und Populationsansätzen zur biokulturellen Geschichte der Menschheit dar. Ein Kernstück war die *Man-the-Hunter*-Theorie, die durch einen gemeinsamen Fokus auf die Evolution menschlichen

Verhaltens die Brücke zwischen der biologischen und der struktur- und funktionsorientierten kulturellen Anthropologie schlagen sollte.[25] Aber auch die Archäologie, Paläoanthropologie und Linguistik sollten sich an der Synthese beteiligen.

Washburn und sein Netzwerk gingen von der Annahme aus, dass sich die Menschenaffen durch die Entwicklung der adaptiven schwinghangelnden (*brachiating*) Fortbewegung aus den Affen entwickelt hätten, womit eine Reihe neuer Verhaltensweisen verbunden war. Die Evolution der Hominiden aus anthropoiden Formen wiederum sei die Folge des Lebens auf dem Boden (Bipedie) gewesen; dieses habe jene Verhaltenskomplexe eingeleitet, die in der Entwicklung kultureller Wesen gipfelten. Anpassungskomplexe (*adaptational complexes*) wie Bipedie/Werkzeuggebrauch/Gehirnvergrößerung seien in die Knochen von Fossilien eingeschrieben und durch Experimente und Beobachtungen an geeigneten Modellorganismen überprüfbar. Daher galten Primaten und Jäger-/Sammler-Gesellschaften als wichtige Forschungsgegenstände für die Rekonstruktion der ursprünglichen menschlichen Lebensweise, und man näherte sich ihnen in Feldstudien. Dabei trug die vergleichende Psychologie gestützt auf Robert Yerkes' Pionierarbeit zu Menschenaffen entscheidend zum Interpretationsrahmen bei (Washburn 1951; 1952; z.B. Haraway 1988).

Dass es um das große Bild der menschlichen Evolution ging, das Weltbildcharakter hatte, zeigt sich auch in den populären Arbeiten der Synthetiker Huxley, Dobzhansky und Simpson, die sich die neue umfassende Sicht des Menschen auf die Fahnen schrieben. Obwohl sie das Studium der menschlichen Evolution verwissenschaftlichen wollten, indem sie metaphysische Prozesse oder Mechanismen als Erklärung für unzulässig erklärten, hielten sie an der Möglichkeit einer fortschrittlichen Evolution fest. Es ging ihnen in gewisser Weise um eine Umkehrung der Tendenz der ersten evolutionären Synthese (Kapitel 1.1). In deren Rahmen waren die Menschen anatomisch und psychologisch aus dem Tierreich hergeleitet worden – eine Kränkung, die bis zum Ende des 19. Jahrhunderts nach Sigmund Freuds eigener Einschätzung um jene der Psychoanalyse erweitert wurde (Freud 1917). Diese Betrachtung des Menschen von seiner Herkunft aus – mit dem Fokus auf die tierischen Elemente in Körper und Seele – sollte in den Popularisierungsbestrebungen der modernen Synthese durch eine stärkere Gewichtung der Unterschiede zwischen Tier und Mensch ausbalanciert werden. Nicht nur die Wirkung der evolutionären Vergangenheit auf die Gegenwart sollte beschrieben werden, sondern auch die Möglichkeiten, die eine durch kulturelle Evolution geprägte Gegenwart für die zukünftige Weiterentwicklung eröffnete.

In *Mankind Evolving* (1962), das mir hier als Beispiel dienen soll, erklärte Dobzhansky die physischen Unterschiede zwischen Menschengruppen als das Resultat von Anpassungsprozessen durch natürliche Selektion und von stochastischen Prozessen (Gendrift). In Übereinstimmung mit dem *UNESCO Statement on Race* (1951) und entsprechend einer weit verbreiteten Praxis der Nachkriegszeit behielt Dobzhansky den Begriff ›Rasse‹ aber bei, um Populationen im mendelschen Sinn zu bezeichnen, die unterschiedliche Frequenzen bestimmter Genvarianten aufwiesen. Gleichzeitig erachtete es Dobzhansky immer noch für nötig, gegen den biologischen Rassismus und den kulturellen Elitismus anzuschreiben, ebenso wie gegen den Sozialdarwinismus, die Exesse der Eugenik, den Neolamarckismus mit seinem starken Begriff der Umwelt und gegen die Orthogenese, die im Gegensatz dazu der Umwelt kaum eine Rolle zugestand. Er argumentierte gegen den biologischen und den kulturellen Determinismus (oder dogmatischen Relativismus), ja lehnte eine Biologie-Kultur-Dichotomie im Allgemeinen ab. In seinem gut verständlichen Stil erklärte er die Geschichte des Wissens und das aktuelle Wissen über die Prozesse der Vererbung, die Funktionsweise der Evolution und den Lauf der menschlichen Evolution aus einer populationsorientierten Perspektive. Dabei vollzog er einen sauberen Schnitt zwischen der neuen Biologie und diesen alten Launen des biologischen und kulturellen Evolutionismus.

Den Einfluss der Biologie auf den heutigen Menschen machte Dobzhansky sozial verträglich, indem er argumentierte, dass Differenz nicht Ungleichheit bedeuten müsse. Menschen müssten keine eineiigen Zwillinge sein, um vor dem Gesetz gleiches Recht zu haben. Die genetische Veranlagung definierte für Dobzhansky Fähigkeiten und Dispositionen; diese mussten aber individuell und kulturell realisiert werden. Er protestierte gegen »the same old fallacy, that a trait or a function must be either environmental or genetic, while in fact it is usually both« (Dobzhansky 1962: 64). Eine stimulierende Umgebung könne zur vollen Entfaltung eines Potenzials führen, während ein defizitäres Umfeld dieses ersticke. Dieses Verhältnis machte er noch vielschichtiger, indem er erklärte, dass nicht für alle Individuen dieselbe Umgebung förderlich sei. Tatsächlich betrachtete Dobzhansky biologische und kulturelle Prozesse als durch eine Feedback-Schleife gekoppelt. Wenn die menschliche Evolution noch nicht zu Ende war – eine Überzeugung, die er mit seiner Titelwahl zum Ausdruck brachte –, dann bildete unsere Kultur die Umwelt, in der die Genotypen sich bewähren mussten. Trotz des rhetorisch sauberen Schnitts zwischen alter und neuer Biologie handelte es sich also ideologisch um keine vollständige Abkehr; weder von der Möglichkeit, dass die Kultur den Verlauf der Evolution beeinflussen könnte (wie im Lamarckismus), noch von der Hoffnung, dass ein wirklich fundiertes Wissen aus der Genetik und Evolutionsbiologie in der Zukunft die Grundlage für eine auch biowissenschaftlich gelenkte Entwicklung der Menschheit durch ›eugenische Maßnahmen‹ bieten würde.

Die Synthetiker – an vorderster Front Huxley – entwickelten evolutionäre Kosmologien, aus denen sich durchaus globale Planungsstrategien ableiten ließen. Huxley sah zahlreiche Analogien zwischen nicht-menschlicher organismischer und menschlicher Evolution. Ähnlich der Spezies in der biologischen Evolution war es die Kultur als Ganzes, die sich entwickelte, verstanden als Phänomen, welches durch Beiträge von Individuen gespeist wird, aber nicht auf diese reduziert werden kann. Mit der Ansicht, dass weder große Individuen die Geschichte lenkten, noch das System das Individuum steuere, stellte sich auch Huxley nicht nur gegen den biologischen, sondern auch gegen den kulturellen Reduktionismus. Wie in der biologischen erkannt er auch in der kulturellen Evolution kurzfristige Optimierung durch Anpassung (einseitige Spezialisierung durch Differenzierung), langfristige Optimierung durch Fortschritt (generalistische Spezialisierung) und nicht-adaptive Momente (Limitierung). Diese Prozesse waren jeweils analog zur Kladogenese, die in der kulturellen Evolution Unterschiede zwischen Kulturen produziere; zur Anagenese, die Fortschritt in psychosozialen Einheiten bedeute; und zur Stasigenese, die zum Überleben überholter kultureller Elemente führe. Einzigartig in der menschlichen Evolution sei das Ausmaß der Konvergenz, die durch Diffusion von Ideen und Techniken zwischen Individuen, Gemeinschaften, Kulturen und Regionen eine starke Einheit hinter der Vielfalt gewährleiste.

Generell unterschied sich also die psychosoziale Evolution trotz Analogien qualitativ von der biologischen: »But finally, that cultural differs importantly from biological evolution in respect of selection and mechanisms of change, of transmission of the old and incorporation of the new, of the presence of diffusion and a consequent tendency to convergence as against divergence, of the immensely increased importance of mind and mentifacts, notably the accumulation and better organization of knowledge,

and in many other ways.« (Huxley 1955: 24) *Mentifacts* waren in erster Linie mental generierte Einheiten, worunter Huxley so unterschiedliche Phänomene wie Maschinen, Massenkommunikation, wissenschaftliche, rechtliche, ökonomische und politische Systeme, Kunstwerke, Philosophien, soziale Hierarchien und Kochkunst subsumierte.

Zentral war, dass sich der Kosmos im Menschen seiner selbst bewusst geworden war und dass in dem Moment, in dem dieses Bewusstsein realisiert wurde, die Notwendigkeit entstand, dementsprechend zu handeln. Die Selektion von mental generierten Einheiten nach ihrer Eignung in einer von wachsendem Wissen über die natürliche Welt geprägten sozialen Welt musste nun bewusst erfolgen. Dies war der neue kategorische Imperativ, denn der Mensch war »the necessary agent of the cosmos in understanding more of itself« (Huxley 1950: 20). Für diese Art des Fortschritts waren die Wissenschaften unerlässlich. Sie waren so etwas wie die Sinnesorgane und das Gehirn der ihrer selbst bewusst gewordenen Evolution. Huxley forderte daher einen Zusammenschluss aller Wissenschaften oder überhaupt allen Wissens unter dem evolutionären Paradigma – eine Synthese zwischen Anthropologie und Biologie, von Geistes-, Sozial- und Naturwissenschaften, aber auch zwischen wissenschaftlichen und anderen Wissensbereichen wie der Politik, der Kunst und dem Alltag.

In *Current Anthropology* wählte auch Dobzhansky noch einmal unmissverständliche Worte: »For man is an extraordinary creature. Man and man alone has it within his capabilities to refuse to accept the evolutionary direction of blind forces of nature as his inexorable fate. Man may be able to understand, to control, and to guide his evolution.« (Dobzhansky 1963: 138) Und wie Huxley machte Dobzhansky deutlich, dass die Erreichung dieses Ziels eine Synthese auch zwischen kultureller und biologischer Anthropologie und ein Austarieren von kulturellem und genetischem Reduktionismus bedinge, denn »man is more than a DNA's way to make more of DNA of a particular kind« (ibid.). Eine alle Humanwissenschaften umfassende Synthese war nötig, weil sie die beste Chance darstellte, die Funktionsweise der menschlichen Evolution zu verstehen. Dieses Verständnis wiederum war für die Zukunft der Menschheit, für welche Dobzhansky nicht schwarz sah, so unglaublich wichtig, weil darin der Schlüssel zur planmäßigen Steuerung des Evolutionsprozesses lag. Und auch für Dobzhansky scheint mit der Möglichkeit einer solchen Steuerung eine moralische Verpflichtung hierzu einhergegangen zu sein. Denn im Menschen wird der evolutionäre Prozess quasi zum Subjekt: »Modern evolutionary biology justifies an optimistic view of man's biological future [...] In giving rise to man, the evolutionary process has, apparently for the first and only time in the history of the Cosmos, become conscious of itself.« (Dobzhansky 1967: 409)

Für diese Weltsicht prägte Huxley den Begriff des evolutionären Humanismus, der in der Anwendung der wissenschaftlichen Methoden auf die Erforschung aller menschlichen Belange bestand. Es handelte sich, so der Anspruch, um ein rein naturalistisches System, in welchem der gesamte Kosmos unter dem evolutionären Paradigma beleuchtet und das Wissen vereinigt würde. Die Entwicklung der Gesellschaft sollte nach dem so erlangten Wissen gelenkt werden. Die Zukunft des Menschen hing von seinem Denken über die menschliche Evolution ab, was insbesondere den EvolutionsbiologInnen die Pflicht auferlegte, mögliche Zukunftsperspektiven aufzuzeigen. Obgleich diese Kosmologien mit der Ablehnung nicht-neodarwinscher Mechanismen der biologischen Evolution, etwa der Vererbung erworbener Eigenschaften oder der Orthogenese, verbunden waren, schlossen sie doch direkt an Synthesen wie jene von Spencer an (Sommer 2010b;

2014; 2016, im Erscheinen). Was diese großen Proklamationen einer modernen Synthese und einer neuen physischen Anthropologie – und zuvor die Einsichten aus der Genetik und die Methode der Biometrie – für die empirische Arbeit am Fossilienbestand und für dessen Interpretation bedeuteten, müssen wir uns nun genauer ansehen.

2.2 Den Wald vor lauter Bäumen ... Fossilien, Phylogenien und Systematik

Am Ende des ersten Kapitels haben wir die Interpretationen von paläolithischen Funden mit der linearen Evolutionsreihe *Pithecanthropus erectus* – *Homo primigenius* (Neandertaler) – *Homo sapiens*, die Schwalbe aufstellte, an der Wende zum 20. Jahrhundert verlassen. Um die Bedeutung der Entwicklungen, die in der modernen Synthese gipfelten, für die menschlichen Phylogenien zu verstehen, müssen wir den Faden dort wieder aufnehmen – also zu jener Zeit, die Huxley eben rückblickend für die ›Verdunkelung‹ des Darwinismus verantwortlich machte. Bereits kurz nach Schwalbes Einreihung von *Pithecanthropus* (heute *Homo erectus*) in die menschliche Phylogenie ging man in den anthropologischen Gemeinschaften zu einem verzweigten Modell über. Man tendierte dazu, die bekannten Hominidenfossilien als ausgestorbene Zweige des menschlichen Stammbaums aufzufassen, womit die direkten Vorfahren der modernen Menschen wieder unbekannt waren. Von diesen hypothetischen Vorfahren nahm man an, dass sie anatomisch relativ modern gewesen seien, aber gleichzeitig evolutionsgeschichtlich alt. Auch den einzelnen menschlichen ›Rassen‹ verpasste man lange Ahnenlinien, die als das Ergebnis von paralleler Evolution verstanden wurden (Parallelismus und Orthogenese wurden auch auf die Evolution von

Primaten und Säugetieren im Allgemeinen angewendet). Das Ganze begann wohl damit, dass Marcellin Boule noch im ersten Jahrzehnt des neuen Jahrhunderts die Neandertaler aus unserer direkten Ahnenlinie verstieß. Andere federführende (Paläo-)Anthropologen wie das britische Triumvirat aus Keith, Arthur Smith Woodward und Grafton Elliot Smith sowie etwa Osborn und Hooton in den USA folgten dieser Interpretation, und das Verfahren wurde auf neue Funde ausgedehnt.

Dass die Hominidenfunde oft als die Überreste später Überlebender älterer Formen gedeutet wurden, hatte nicht zuletzt mit *Eoanthropus dawsonii* (*Dawson's Dawnman* oder *Piltdown Man*) zu tun, dessen Zeugnisse 1911 in Sussex aufzutauchen begannen. Bei diesem ›Fossil‹, welches erst in den 1950er Jahren definitiv als Fälschung entlarvt wurde, handelte es sich um einen Schädel großen Volumens in Verbindung mit einem affenartigen Unterkiefer. Der ›Fund‹ legte daher einerseits nahe, dass die Gehirnentwicklung die treibende Kraft in der Evolution zum modernen Menschen gewesen sein musste, und andererseits, dass zeitnahe Formen wie *Pithecanthropus*, die anatomisch ›primitiver‹ waren, nicht auf der direkten Ahnenlinie des modernen Menschen unterzubringen waren. Die moderne menschliche Anatomie wurde weit zurückdatiert, und die bekannten Hominiden schienen im Vergleich zu primitiv beziehungsweise zu jung, um als direkte Vorfahren interpretiert zu werden. Der *Piltdown Man* und überhaupt die Vorstellung eines hohen Alters der modernen menschlichen Anatomie wurden durch vermeintliche Steinwerkzeuge gestützt, die in England, aber auch in Kontinentaleuropa gefunden wurden. Diese sogenannten Eolithen wurden dem Tertiär zugeschrieben (Sommer 2007a: Part II).

In den 1920er und 1930er Jahren wurde oft ein geografisches Zentrum der Evolution in Asien vermutet, von dem aus sich immer höher entwickelte Menschenformen über den Erdball verbreitet hätten. Im Zuge dieser Expansion hätten sie die ortsansässigen ›niedrigeren‹ Gattungen, Arten und ›Rassen‹ und damit deren Kulturen verdrängt. Die Anthropologen sahen diesen Prozess in den zeitgenössischen Praktiken des Imperialismus und Kolonialismus auch weiterhin am Werk. Sie konstatierten die Dezimierung und Ausrottung von Völkern wie etwa den Tasmaniern durch das Eindringen von anatomisch und kulturell ›überlegenen‹ Europäern in deren Lebensräume. Ein Pendant dazu bildete Keiths etwas idiosynkratische Theorie, wonach der Krieg – allen voran der Erste Weltkrieg – ein Mechanismus der Evolution war. Er extrapolierte daraus die Behauptung, dass die zeitgenössischen Nationen im Entstehen begriffene ›Rassen‹ seien. Sie würden Fortpflanzungsgemeinschaften bilden, deren Isolation nicht geografisch, sondern identitätspolitisch bedingt sei, und sie stünden miteinander in Konkurrenz (Sommer 2007a: 207–209).

Als Beispiel kann hier Elliot Smith angeführt werden, der ein Vertreter des Diffusionismus war. Er kritisierte die Tylor-Schule für die Annahme einer notwendigen kulturellen Entwicklungsreihe von den einfacheren zu den komplexeren archäologischen Kulturen aufgrund der Einheit der menschlichen Psyche. Anstatt von paralleler linearer Evolution vor Ort auszugehen (multilineares, multiregionales Modell), erklärte Elliot Smith die archäologischen Befunde – etwa dass dieselbe Kultur eine sehr weite geografische Verbreitung aufweist – durch die Migration von Menschen und/oder Innovationen (Elliot Smith 1933: Kap. 4). Er ging von einem Zentrum der Evolution aus, von wo sich sukzessive höher entwickelte Kulturen ausgebreitet hatten, sodass die Abfolge von Magdalénien, Solutréen, Aurignacien, Moustérien, Acheuléen und Chelléen in jeweils unterschiedlicher Entfernung vom Zentrum gleichzeitig existiert haben könnte (Elliot Smith 1924: Kap. 2 [»Primitive Man«, erstmals 1916 veröffentlicht]).

Was den geografischen Hotspot der Evolution betrifft, so war Elliot Smith zunächst Darwins Überlegungen gefolgt, dass Afrika aufgrund des Vorkommens der Gorillas und Schimpansen wahrscheinlich die Wiege der Menschheit sei. Die geografische Verteilung der neuen Fossilfunde ließ ihn das Zentrum aber nach Asien verlegen. Die Argumente für Asien als Region des Ursprungs und der Evolution wurden durch Dubois' Fund des *Pithecanthropus* aus Java gestützt und später durch die Entdeckung eines ähnlichen Hominiden, *Sinanthropus pekinensis* (heute ebenfalls *Homo erectus*), durch den Kanadier Davidson Black in der Nähe von Beijing in China (1927–29). Man glaubte aber, dass etwa zur selben Zeit *Eoanthropus dawsonii* in Großbritannien gelebt habe, also im fernen Westen, und dass kurz danach der (neandertalerartige) *Homo heidelbergensis* (1907) auf heute deutschem Gebiet anzutreffen gewesen sei und eine ähnliche Form (*Homo rhodesiensis*, 1921) in Sambia (ehem. Nordrhodesien, südliches Afrika). Aus seiner biogeografischen Perspektive vermutete Elliot Smith einen Ausgangspunkt der Entwicklung und Verbreitung irgendwo in der Mitte zwischen diesen Fundorten, vorzugsweise im Südwesten Asiens (Elliot Smith 1929: 46–48 und Kap. 2; Sommer 2007a: Kap. 11).

Auch Elliot Smith gehörte zu den Verfechtern eines ›Hyperdiversitäts‹-Ansatzes, sodass in seinen Stammbäumen all diese Hominidenformen auf Seitenästen untergebracht waren. Die langen, unabhängigen evolutionären Linien der ›Menschenrassen‹ konnten gar noch auf die Spitze getrieben werden mithilfe von Modellen, in denen die Ursprünge verschiedener moderner ›Menschenrassen‹ aus unterschiedlichen fossilen Hominidentaxa oder sogar Menschenaffen hergeleitet wurden. Wie wir im Folgenden sehen werden, wurde der ›Hyperdiversitäts‹-Ansatz aber seinerseits von verschiedenen Seiten angefochten. Ausschlaggebend für die Kritik war die Entdeckung neuer Hominiden, die Thema des nächsten Kapitels (2.2.1) sind. Die Australopithecinen stärkten nicht nur die Argumente für Afrika gegenüber Asien als Ursprungsort. Sie stellten letztendlich auch die durch *Piltdown* gestützte These infrage, dass die Menschwerdung mit der Gehirnvergrößerung (und nicht mit dem aufrechten Gang) begonnen habe. Dies ermöglichte es, *Pithecanthropus erectus* wieder in die direkte Abstammungslinie des modernen Menschen zu integrieren. Wie wir im übernächsten Kapitel (2.2.2) sehen werden, wirkte zunehmend auch die moderne Synthese auf die Interpretation der Fossilien ein. Mit einem Verständnis der Arten als polymorphe Populationen ging mitunter eine extreme Vereinfachung der Hominidentaxonomie einher. Die Zahl der fossilen Gattungen und Arten wurde drastisch reduziert, und eine lineare Vorstellung der Hominidenevolution gewann wieder an Boden. Das sogenannte *single-species concept* besagte, dass, weil alle Hominiden die gleiche ökologische Nische besetzten, für einen geologischen Horizont jeweils nur eine Art beschrieben werden kann. So konnte eine multiregionale Evolution mit einem unilinearen Modell in Einklang gebracht werden.

2.2.1 Die afrikanischen Affenmenschen

Die Geschichte der Australopithecinen begann mit dem gebürtigen Australier Raymond Dart. Der ehemalige Anatomie-Assistent von Elliot Smith am University College London war zu jenem Zeitpunkt Professor für Anatomie und Leiter des Anatomischen Instituts der Witwatersrand-Universität in Johannesburg (Südafrika). Dart erkannte im Gesicht und im partiellen Hirnabguss des Fossils, das 1924 im Kalksteinbruch bei Taung – im Norden der Kapprovinz – gefunden wurde, ein junges Individuum, das affenähnlich war, aber auch erstaunlich menschliche

Züge aufwies. Der in Schottland geborene Experte für fossile säugetierähnliche Reptilien Robert Broom, der ebenfalls mehrere Jahre in Australien verbracht hatte, bevor er sich in Südafrika niederließ, besuchte Dart 1925 in Johannesburg, um den Kinderschädel zu untersuchen. Er stimmte Darts Interpretation des Typs, wissenschaftlich als *Australopithecus africanus* benannt, als Missing Link zu. Die paläoanthropologische Gemeinschaft im Allgemeinen lehnte Darts Interpretation von *Australopithecus* als Affenmensch jedoch ab. Keith, Elliot Smith und Smith Woodward betrachteten den Fund als interessanten, aber für die menschliche Evolution unwichtigen fossilen Affen. Im Gegensatz dazu erkannte der Oxford-Professor William Sollas, ein Geologe, der sich als Anthropologe neu erfunden hatte, die Bedeutung des Schädels, als Broom ihm zusätzliche Daten zum Fund von Taung zukommen ließ, und es gelang ihm schließlich, Elliot Smith zu überzeugen (Broom 1950: 25–26; Sollas 1926 [1925]). Hrdlicka besichtigte die Fundstätte, schloss sich aber der Meinung der Mehrheit an, dass es sich bei *Australopithecus* um einen Menschenaffen handle. Gleichzeitig forderte er wie zuvor Sollas weitere Ausgrabungen, da für eine zuverlässige Beurteilung der Beziehung zu den Hominiden ein erwachsenes Exemplar nötig war.

Sollas war verärgert über die Tatsache, dass Brooms Beschreibung des Fundes noch nicht in *Nature* erschienen war, während die Zeitschrift bereits Meinungsbeiträge unter anderem von Elliot Smith, Smith Woodward und Keith veröffentlicht hatte. Keith, das »British oracle« der Paläoanthropologie, schreckte zu Sollas' Bestürzung nicht davor zurück, seine Sicht der Evolution in der Presse zu verbreiten.[26] Vielleicht hatte Sollas ja recht, und Keith übte eine große Macht sowohl über die ›schottische Zeitschrift‹ als auch über die Presse im Allgemeinen aus. Jedenfalls kam es erst in den 1930er Jahren zu einem Meinungsumschwung in Bezug auf das Kind von Taung. Insbesondere der amerikanische vergleichende Anatom Gregory, der unter Osborn am American Museum of Natural History arbeitete, verwendete den Australopithecinen mit seinem fortschrittlichen Anthropoidenhirn und seinem primitiven menschlichen Gebiss für »A Critique of Professor Osborn's Theory of Human Origins« (Gregory 1930). Demnach widersprach die *Australopithecus*-Morphologie Osborns Behauptung, dass sich die Hominiden bereits im Oligozän von den Anthropoiden abgespalten hätten. Schließlich seien die Australopithecinen erst im späten Tertiär zu verorten. *Australopithecus* konnte auch als Gegenargument zu Osborns Aussage vorgebracht werden, dass sich die Anthropoiden nicht zu Menschen entwickelt hätten, weil sie vom Wald abhängig waren und sich vor der offenen Ebene fürchteten. *Australopithecus* hatte eindeutig im offenen Gelände gelebt, obwohl er offensichtlich sowohl mit Menschen als auch mit Menschenaffen verwandt war. Insgesamt lieferte *Australopithecus* Gregory wichtige Belege für die enge Verwandtschaft zwischen Menschenaffen und Menschen und gegen Osborns orthogenetische Theorie der Menschwerdung an den Affen vorbei.

In *Early Forerunners of Man* (1934) zählte der britische Primatologe Wilfrid Le Gros Clark von der Universität Oxford die Australopithecinen jedoch zu den fossilen Überresten der afrikanischen Menschenaffen. Er betrachtete parallele Evolution als zentralen Mechanismus der evolutionären Differenzierung der Primaten und setzte deshalb die Trennung der Hominiden von der Anthropoidenlinie früher an, als es Schätzungen rein aufgrund der vergleichenden Anatomie nahelegten. Damit positionierte sich Le Gros Clark gegen die stochastische Sicht der Evolution, wie sie die Selektionisten vertraten, und schloss sich Osborn in der Annahme an, dass evolutionäre Trends im Keimplasma programmiert seien und bei verwandten Formen zu einer ähnlichen Entwicklungsrichtung führten. Obwohl er damit riskierte, des Vitalismus bezichtigt zu werden, zog Le Gros Clark die Orthogenese dem puren Zufall als treibende Kraft in der Primatenevolution vor. Mit dem Modell der Parallelevolution konnten die menschenähnlichen Eigenschaften des *Australopithecus* ohne die Annahme einer engen phylogenetischen Beziehung erklärt werden (Clark 1934; auch 1936).

Broom, der 1934 eine Stelle am Institut für Paläontologie und Physische Anthropologie am Transvaal-Museum in Pretoria übernommen hatte, glaubte weiterhin an die Bedeutung von Darts Fund, die er seit 1936 mit seinen eigenen Entdeckungen bekräftigte. In diesem Jahr fanden Broom und seine Studierenden in den Sterkfontein-Höhlen nahe Pretoria den Schädel eines Erwachsenen, den er *Australopithecus transvaalensis* nannte. Zwei Jahre später wurden dort ein beinahe menschliches Gesicht und ein Kiefer gefunden (Broom 1950: Kap. 4). Sogar Keith räumte nun ein, dass Broom gefunden habe, was er für unmöglich gehalten hatte: einen Anthropoiden mit menschlichem Gebiss. 1938 beschrieb Broom zudem den Schädel von Kromdraai, der auf der anderen Seite des Tals von Sterkfontein entdeckt wurde und den er *Paranthropus robustus* nannte. Die Fossilien aus Sterkfontein reklassifizierte er nun als zur neuen Gattung *Plesianthropus* gehörig. Mit etwa zwei Millionen Jahren hielt Broom die Taung-Fossilien für die ältesten, diejenigen aus Sterkfontein schätzte er auf etwa 1,2 Millionen Jahre und die Kromdraai-Funde auf rund 800 000 bis 900 000 Jahre. Er sah darin verschiedene Typen eines Affenmenschen, der aufrecht ging und daher die Hände für neue Funktionen frei hatte. Diese Affenmenschen standen den Menschen deutlich näher als den Affen (ibid.: Kap. 5; Findlay 1972: 70).

Keiths Glaube an ein hohes Alter des anatomisch modernen Menschen, der die relativ jungen Australopithecinen als gemeinsame Vorfahren von Mensch und Affen ausschloss, erhielt aber in den 1930er Jahren erneut Unterstützung. Und zwar von Louis Leakey, der den Australopithecinen als Missing Link skeptisch gegenüberstand, weil er annahm, dass eine unabhängige menschliche Ahnenreihe bis ins Miozän zurückreiche. Leakey war in Kenia als Sohn englischer Missionare geboren worden. Nachdem er ein Studium in Anthropologie an der Universität Cambridge absolviert hatte, kehrte er nach Kenia zurück – damals eine britische Kolonie mit dem offiziellen Namen Britisch-Ostafrika –, um die neu entwickelten archäologischen Ausgrabungstechniken aus Europa in diesem Neuland zu erproben. Er war überzeugt, dass Afrika die Wiege der Menschheit war, und fand diese Überzeugung bestätigt, als Grabungen in Ostafrika (Olduvai-Schlucht, Nord-Tansania) 1931 eine Steinkultur zutage förderten. Leakey interpretierte die sogenannte Oldowan-Kultur als Hinterlassenschaft von *Homo*, wenn nicht sogar *Homo sapiens*, im frühen Pleistozän. Er datierte die Oldowan-Artefakte als zeitgenössisch mit den in England gefundenen Eolithen – den bereits erwähnten vermeintlichen Werkzeugen aus dem Tertiär. Mit der Entdeckung des Kanam-Kiefers und mehrerer Zähne im Jahr 1932 lieferte Leakey der anthropologischen Gemeinschaft einen möglichen Hersteller dieser Werkzeuge (*Homo kanamensis* nach Leakey, Victoriasee, West-Kenia). Für Leakey war diese Beinahe-*Homo-sapiens*-Form der älteste bis dahin gefundene menschliche Vorfahr. Dass sich Leakey anscheinend doch nicht in allen Punkten an die sorgfältigen Ausgrabungsverfahren der Archäologie gehalten hatte, schadete aber sowohl seinem Ruf als auch jenem des Kanam-Menschen.[27]

Mit *Adam's Ancestor* (1934) wollte Leakey die Erkenntnisse aus der Anthropologie und der prähistorischen Archäologie einer breiteren Öffentlichkeit näherbringen. In einer verführerisch einfachen Sprache stellte er so komplexe und ungelöste Fragen wie die definitive Unterscheidung zwischen von Menschen gefertigten und natürlich auftretenden Feuersteinen oder die Zuweisung eines Schädels zu einem bestimmten ›Rassetyp‹ als unproblematisch dar (vom Buch erschienen allein 1934 drei Auflagen). Leakey trennte die Anthropoiden- und die Hominidenlinie im Oligozän und führte eine weitere Trennung zwischen den Hominidenunterfamilien *Palaeoanthropidae* und *Neoanthropidae* im Miozän ein. Die erste dieser beiden habe sich zu Beginn des Pleistozäns in die drei Gattungen *Pithecanthropus*, *Sinanthropus* und *Palaeoanthropus* aufgespalten, wobei Letztere *Palaeoanthropus palestinus*, *P. heidelbergensis*, *P. rhodesiensis* und *P. europeus/neanderthalensis* umfasste. Die *Neoanthropidae* brachten die Gattung *Eoanthropus* als Nebenzweig hervor und beinhalteten *Homo kanamensis* als den einzigen fossilen Typen auf dem Ast der Gattung *Homo*, gefolgt von der Differenzierung in ›Australoide‹, ›Negroide‹, ›Mongoloide‹ und ›europäische Rassen‹ (siehe insbesondere den Stammbaum in Leakey 1934: 227 [Abb. 30]). Dass Leakey Piltdown nicht als direkten Vorfahren, sondern als nahen Verwandten der modernen Menschen beschrieb, lag daran, dass er dessen ungefähre Gleichzeitigkeit mit dem Kanam-Menschen annahm. Zu den Australopithecinen, die er nie als menschliche Vorfahren akzeptierte, äußerte sich Leakey nicht einmal. In Übereinstimmung mit seinen zwei Hominidenunterfamilien identifizierte er zwei parallele Linien kultureller Entwicklung für die *Neoanthropidae* und die *Palaeoanthropidae*, mit der Oldowan-Kultur als Beginn der Entwicklung der Neoanthropiden. Derartige auf paralleler Evolution begründete Phylogenien waren in den 1930er Jahren noch vorherrschend und hielten sich, wie wir sehen werden, bis in die Nachkriegszeit.

Während des Zweiten Weltkriegs begann Broom aber trotz des langsamen Postdienstes eine umfangreiche Korrespondenz mit Keith und Le Gros Clark. Letzteren informierte er über die neuesten Entdeckungen und er schickte ihm Abgüsse der Affenmenschen, womit er schließlich erreichte, dass Le Gros Clark sein Sprachrohr an britischen wissenschaftlichen Tagungen wurde (Findlay 1972: 77–78). Nach dem Krieg war es Dart und Broom möglich, ihre Anstrengungen in Südafrika fortzusetzen. Bis zum Jahr 1947 wurden Broom und sein Assistent John Talbot Robinson für ihre Arbeit in Sterkfontein mit Überresten von zwölf Individuen belohnt. In diesem Jahr fand Dart in Makapansgat (190 Meilen nördlich von Johannesburg) die Knochen der von ihm als *Australopithecus prometheus* bezeichneten Art, und Broom machte eine weitere Entdeckung in Swartkrans (nahe Sterkfontein), die er 1949 als *Paranthropus crassidens* beschrieb. Ebenfalls 1947 entdeckte Robinson an der gleichen Fundstelle ein Fragment, für welches er und Broom die neue Gattung *Telanthropus* einführten. Angesichts dieser für paläoanthropologische Verhältnisse starken Beweislage konnten die Ähnlichkeiten der Australopithecinen mit den Menschen in Bezug auf das Gebiss, die Art der Fortbewegung und die Handanatomie nicht mehr bezweifelt werden. Am ersten Panafrikanischen Kongress zur Frühgeschichte (1947) in Nairobi präsentierte Le Gros Clark seine Erkenntnisse, die er während eines kurzen Besuchs in Südafrika aus dem Studium der Australopithecinen gewonnen hatte: »The general conclusion was reached that the *Australopithecinae* must at least be regarded as having a fairly close relationship to the ancestral stock which gave rise to the Hominidae.« (Clark 1947: 101) Die Ähnlichkeiten waren zu zahlreich und zu detailliert, um durch parallele Evolution erklärt zu werden.

Zu einem guten Ende kam die Australopithecinen-Geschichte mit Brooms Buch *Finding the Missing Link* (1950) und Le Gros Clarks *The Fossil Evidence for Human Evolution* (1955), die beide die Bedeutung der Australopithecinen für die menschliche Evolution betonten (Broom 1950: Kap. 8; Clark 1955: Kap. 4). Le

Gros Clarks Buch, das Pflichtlektüre für eine neue Generation von physischen AnthropologInnen wurde, war auch in anderer Hinsicht bezeichnend für die Veränderungen, die in der Paläoanthropologie stattgefunden hatten, denn mit dem Bedeutungsverlust des evolutionären Parallelismus ging eine starke Bezugnahme auf Simpson und die neue Systematik einher. Le Gros Clark betonte die Wichtigkeit der Konzepte der modernen Synthese und Genetik genauso wie jene anatomischer Funktionsstudien. Dementsprechend folgte er dem Trend, die Nomenklatur zu vereinfachen und die taxonomische Vielfalt zu reduzieren. Gleichzeitig stand er den quantitativen Methoden in der Taxonomie skeptisch gegenüber und verlangte eine aussagekräftige Anzahl an Messungen, die Wahl der wirklich relevanten Merkmale zum Vergleich, die kombinierte Betrachtung von Merkmalen und fehlerfreie Statistik. Sein Plädoyer für die Wichtigkeit allgemeiner morphologischer Muster und Funktionen in der Taxonomie brachte ihn in Konflikt mit Solly Zuckerman, der zehn Jahre in seiner Anatomieabteilung an der Universität Oxford verbracht hatte.

Nach seinem Wechsel von Oxford an die Birmingham University war Zuckerman an einem Forschungsprogramm zur Anwendung der Biometrie in der Paläoanthropologie beteiligt. In Bezug auf die Australopithecinen ergab die Zahnanalyse durch den in Südafrika geborenen Zuckerman eine enge Beziehung zu Schimpansen, was die Australopithecinen-Debatte zu einem Schauplatz der Auseinandersetzung zwischen den Verfechtern der rein morphologischen und jenen der statistischen Methode machte. Zuckerman trat für die Biometrie, die Genetik und die natürliche Selektion ein, während Broom ohne diese auskam. Le Gros Clark war sich mit Broom einig, dass die Anwendung der Biometrie auf die Zähne des *Australopithecus* bedeutungslos sei. Ironischerweise wurde die Debatte dadurch beendet, dass Biometriker Broom unterstützten, weil sie Fehler in Zuckermans Analyse fanden. Offenbar hatte er vergessen, seine Zahlen durch die Quadratwurzel von 2 zu teilen (Clark 1950; Findlay 1972: Kap. 9; Sommer 2008b; insgesamt auch Gundling 2005: Kap. 4–5).

Trotzdem zeigt dieser Vorfall, dass Broom einer älteren Generation von PaläoanthropologInnen mit mitunter eigenwilligen qualitativen Ansätzen angehörte, die von einer neuen Generation von WissenschaftlerInnen herausgefordert wurde, welche sich in der Hoffnung auf zuverlässigere Resultate den statistischen Methoden und den Erklärungsmodellen aus der Biologie zuwendeten (Reader 1981: 119–120, 134). Broom war Spiritualist, Vitalist und generell anti-darwinistisch eingestellt. Noch 1950, im letzten Kapitel von *Finding the Missing Link*, kritisierte er Darwins Theorie der natürlichen und sexuellen Selektion und spekulierte über einen *élan vital*, der die Evolution der Phyla entlang vorgegebener Linien vorantrieb. Broom betrachtete die Welt als sinnvolles System, dessen Zweck und Endpunkt durch die Entstehung des Menschen erreicht worden war. Ihm war bewusst, dass sich die Zeiten geändert hatten und der Darwinismus die neue Orthodoxie, wenn nicht Religion, geworden war – es waren nun seine Ansichten, die als blasphemisch galten (Broom 1950: Kap. 10).

2.2.2 Und die Bäume wachsen weiter

Die Einbindung der Anthropologie in den theoretischen Rahmen der modernen Synthese führte zur Neubewertung der bekannten fossilen Formen und schließlich zur Wiederaufnahme einiger von ihnen in die Linie, die zu den modernen Menschen führt, so etwa von *Pithecanthropus erectus*, neu *Homo erectus* genannt. Viele ExpertInnen zählten auch den Neandertaler wieder zur menschlichen Art, eine Entwicklung, die unter anderem durch die Arbeit des deutschen Anatomen Franz Weidenreich beeinflusst war. Weidenreich hatte zuerst Professuren in Anatomie an den Universitäten Straßburg und anschließend Heidelberg inne. 1928 wurde er Professor für Anthropologie an der Universität Frankfurt, eine Position, die ihm in der Folge von den Nationalsozialisten entzogen wurde. 1934 ging er als Gastprofessor an die University of Chicago. Im darauffolgenden Jahr nahm er ein Angebot des Peking Union Medical College wahr, bevor er 1941 ans American Museum of Natural History wechselte.

Gleich zu Beginn von *Apes, Giants, and Man* (1946), welches fünf Vorlesungen enthält, die er 1945 als Hitchcock Professor an der University of California gehalten hatte, positionierte sich Weidenreich als Gegner des Polygenismus (Weidenreich 1946: 1–3). Er dekonstruierte das konventionelle typologische Rassekonzept und propagierte ein populationsorientiertes Verständnis der menschlichen Diversität: »As the matter stands now, the only thing that can be done about the definition of races is [...] to trace these features through the whole of mankind without regard to any previous racial definition or classification. Then the frequency of each combination and its geographical distribution should be noted and a framework built of the final subgrouping of the populations of the earth.« (ibid.: 90; auch Kap. 4)

Anstatt von vorgefassten Kategorien, Typen oder ›Rassen‹ auszugehen, verlangte Weidenreich, dass die Verbreitung von Merkmalskombinationen in der gesamten Menschheit und deren geografische Verteilung eruiert würden. Nur auf dieser Grundlage wäre es möglich, Populationen zu bestimmen. Die Menschheit war für Weidenreich eine einzige Spezies mit kontinuierlicher Variation. Er argumentierte sogar, dass nicht nur die modernen, sondern auch alle fossilen Hominiden der gleichen Spezies zugeschrieben werden sollten; er beließ es allerdings bei

der vorherrschenden Nomenklatur. Nach Weidenreich hatten sich die australische, die asiatische, die afrikanische und die eurasische Population lokal entlang der Serie Archanthropinae (*Meganthropus/*
Pithecanthropus/Sinanthropus) – Paleoanthropinae (Neandertaloide) – Neanthropinae (anatomisch moderne Menschen) entwickelt, ohne dass Artenbildung stattfand. Er erkannte im Fossilbestand lokale Spezialisierungen, ging aber davon aus, dass die Populationen durch den kontinuierlichen Austausch von Genen eine gewisse Einheit aufrechterhielten. Weidenreich lehnte deshalb monozentrische Modelle wie etwa Osborns Zentralasien-Hypothese ab, wonach sich die modernen Menschen aus einer äffischen Vorstufe zu ihrer modernen Form entwickelt und erst anschließend über den Globus verteilt hätten, wo sie die ›weniger fortgeschrittenen‹ Arten verdrängten. Die Australopithecinen waren in Weidenreichs System der Hominiden jedoch nicht vertreten, da er sie als Menschenaffen klassifizierte (ebenso wie das Piltdown-Kieferfragment) (ibid.: Kap. 1–4).[28]

Der Synthetiker Dobzhansky sah in der Annahme, dass zu keinem Zeitpunkt mehr als eine Hominidenart existiert und dass die Hominidenevolution auf der Ebene von ›Rassen‹ stattgefunden habe, die Möglichkeit einer Synthese des klassischen Evolutionsmodells mit einem Zentrum, von dem aus sich nacheinander immer höher entwickelte Formen ausbreiteten, mit Weidenreichs multiregionaler und unilinearer Evolution. Gemäß dieser Synthese könne Weidenreich recht damit haben, dass mehrere lokale fossile Typen Vorfahren der lebenden Menschen waren, aber möglicherweise war nicht aus jedem lokalen Typ eine jeweils andere moderne ›Rasse‹ hervorgegangen. Die klassische Ansicht könne daher insofern korrekt sein, als dass einige der historischen ›Rassen‹ mehr als andere zum Erbgut der heutigen Menschen beigetragen hätten. Lokale Adaptionen könnten sich in der gesamten Art ausgebreitet haben (Dobzhansky 1944).[29] Der Systematiker Mayr beteiligte sich ebenfalls an den Bestrebungen, Taxa unter der Annahme der Eine-Art-Hypothese zu verschmelzen. Er nahm die Australopithecinen in das Spektrum der Variation von *Homo* auf und betrachtete alle bis dahin bekannten Hominiden als Vertreter einer einzigen Abstammungslinie (*Homo transvaalensis – erectus – sapiens*) (Mayr 1950).

Auch Keiths Sicht der menschlichen Evolution bewegte sich immer stärker weg vom ursprünglichen ›Hyperdiversitäts‹-Modell, in welchem üblicherweise jedes Fossil auf einem eigenen Ast des Stammbaums saß. Insbesondere wenn in den multiregionalen, aber unilinearen Modellen à la Weidenreich die Nomenklatur unverändert übernommen wird, scheinen sich Keiths spätere Phylogenien dort einzuordnen. In Wahrheit handelt es sich aber um ein anderes Modell, in dem die lokalen Evolutionslinien als voneinander isoliert gedacht werden. Ich nenne solche Alternativen nicht uni-, sondern multilinear (man könnte auch *mono-* und *polyphyletisch* sagen). In beiden Schemata erscheint die menschliche Evolution also als multiregional (im Gegensatz zur Annahme eines oder weniger Evolutionszentren, von denen aus immer höhere Formen ausschwärmten, um überall die alteingesessenen, weniger entwickelten Formen zu ersetzen). Während jedoch im unilinearen Modell von stetigem Genaustausch und dem Verbleib der Variationen innerhalb weniger Taxa ausgegangen wurde, vermuteten Keith und andere die parallele Evolution der menschlichen ›Rassen‹ unabhängig voneinander aus jeweils unterschiedlichen Fossilformen.

In *A New Theory of Human Evolution* (1948) schlug Keith regionale fossile Hominidengattungen als Vorfahren für die modernen ›Rassen‹ vor (Keith 1948: insbesondere Phylogenie 158–159). Aus lokalen Varietäten von auf dem Boden lebenden Anthropoiden und Australopithecinen seien parallele Zweige hervorgegangen: Aus *Pithecanthropus* entwickelten sich über Zwischenstufen die Australier; der Kanam-Mensch und *H. rhodesiensis* waren die Vorfahren der Afrikaner; aus *Sinanthropus* gingen die Asiaten hervor; und die Kaukasier stammten von Neandertaler und Cro-Magnon ab. Offenbar gelangte Keith bei seiner Arbeit an den Neandertalern aus dem Karmelgebirge (Israel) mit dem Berkeley-Paläoanthropologen Theodore D. McCown zu der Überzeugung, dass die Evolution des kaukasischen Typs doch über eine Vor-Neandertaler-Stufe geführt hatte (Keith 1950: 599).[30] Dieses Szenario hatte mehr mit Leakeys Phylogenien und den frühen multilinearen Theorien, wie sie etwa Haeckel vertreten hatte, gemeinsam als mit Weidenreichs multiregionalem, aber unilinearem Modell. Keith scheint dies nur bedingt bewusst gewesen zu sein, denn er betonte seinen Vorrang gegenüber Weidenreich, da seiner eigenen Abhandlung der multilinearen menschlichen Phylogenie in *A New Theory of Human Evolution* (1948) bereits 1936 eine Ansprache vor der British Speleological Association vorausgegangen war: »This was, so far as I know, the first time the conception had been put forward that modern races of mankind are the direct descendants of early Pleistocene forms of humanity.« (Keith 1948: 256, Fußnote) Ohne auf die tiefgreifenden Unterschiede zwischen seiner ›polygenistischen‹ Sicht und Weidenreichs Eine-Art-Hypothese zu achten, behauptete Keith, Weidenreich sei fünf Jahre nach ihm unabhängig auf ein ähnliches Modell gekommen.

Keith hätte sich auch auf Vogt oder Hermann Klaatsch berufen können, die das multilineare Modell bereits auf die Spitze getrieben hatten. Der deutsche Anthropologe Klaatsch hatte Neandertaler mit den modern aussehenden Überresten des Aurignacien (Cro-Magnons) verglichen. Aus den Untersuchungen schloss er, dass diese paläolithischen Einwohner Europas zu unterschiedlichen ›Rassen‹ gehörten. Aber woher stammten sie? Die Neandertaler schienen mit einer afrikanischen Fauna in Verbindung zu stehen, während die Knochen ihrer modernen Verwandten zusammen mit asiatischen Tieren auftraten. Die vergleichenden Studien mit Menschenaffen der jeweiligen Kontinente ließen Klaatsch daher den Schluss ziehen, dass eine besonders enge Beziehung auf der einen Seite zwischen Neandertaler und Gorilla und auf der anderen Seite zwischen dem Aurignac-Menschen und dem Orang-Utan bestand. In *Der Werdegang der Menschheit* (1920) platzierte er die zeitgenössischen afrikanischen Menschen auf demselben Zweig wie die Schimpansen, Gorillas und Neandertaler. Er glaubte an eine frühe Gabelung in einen westlichen und einen östlichen Ast, aus welchen sich jeweils die Anthropoiden und die ›Menschenrassen‹ entwickelt hätten, die heute noch in den entsprechenden Regionen leben. Den gemeinsamen Ursprung beider Gruppen verortete Klaatsch auf einem nun versunkenen Kontinent im Indischen Ozean. Klaatsch hielt es für wahrscheinlich, dass die australischen Ureinwohner die in Isolation überlebenden Nachkommen eines gemeinsamen Vorfahren des östlichen und des westlichen Zweigs waren – eines Vorfahren, der mit *Pithecanthropus erectus* belegt schien. Klaatsch hielt die letzten gemeinsamen Vorfahren aller Anthropoiden und Hominiden dementsprechend für eher menschlich. Die Affen stellten eine Degeneration vom ursprünglichen Zustand dar (Klaatsch 1920 [posthum]: z.B. 89–92, 255–386).

Ebenfalls Affinitäten zum multiregionalen, aber multilinearen Modell zeigt die Phylogenie von Ruggles Gates. In *Human Ancestry from a Genetical Point of View* (1948), das im selben Jahr wie Keiths *New Theory of Human Evolution* erschien, ging er von mehreren Ursprungsorten und einer parallelen Entwicklung der verschiedenen ›Menschentypen‹ aus, die für ihn den Status von Arten hatten. Wie Keith stellte er sich vor, genetisch angelegte Entwicklungstrends hätten die Hominidenlinien auf ihren gegenwärtigen Stand gebracht, und als Genetiker versuchte er, die orthogenetische Evolution aufgrund paralleler Mutationen zu erklären. Auch dieses multilineare Modell unterschied sich von Weidenreichs unilinearem Konzept: »We recognize different species, and even genera, of man coexisting in Pleistocene times and giving rise to such different types as the Australian, the Bushman, and the Caucasian from *independent* lines of descent, yet as a convention arising from man's self-conceit we try to crowd them together into one species, implying simple divergence from one ancestry. The evidence is clear, however, that the primary so-called races of living man have arisen *independently from different ancestral species in different continents at different times.* They have shown some *parallel developments* [...] Yet there is no evidence for convergence [...] Consistency therefore necessitates the recognition of *Homo australicus*, *H. capensis*, *H. africanus* (the Negro race), *H. mongoloideus* (including the Amerinds as a geographic subspecies), and *H. caucasicus*, as species, each having its own geographical expression despite the migrations and intercrossing which have taken place *especially within historical time*.« (Ruggles Gates 1948: 366–367, meine Hervorhebungen)

Der genetische Austausch zwischen den langen lokalen Evolutionslinien der modernen ›Menschenarten‹ wird hier weitgehend auf die geschichtliche Zeit beschränkt. Und die aus verschiedenen Gattungen hervorgehenden ›Menschenarten‹ waren nicht nur isoliert voneinander, sondern auch ungleichzeitig zu modernen Menschen geworden. Dieses Element kennzeichnete auch die Vorstellung der Stammesgeschichte des Harvard-Professors Carleton Coon. Dennoch berief sich auch Coon auf Weidenreich. Er widmete Weidenreich gar *The Origin of Races* (1962) – eine unglückliche Tatsache, die mit großer Wahrscheinlichkeit der Grund dafür ist, dass Weidenreichs Theorie in der Historiografie verschiedentlich mit Rassismus in Verbindung gebracht worden ist.

In Coons Szenario hatte sich eine polymorphe Art des *Australopithecus* in den Tropen der Alten Welt zu *Homo* entwickelt. Die Evolution des polymorphen *Homo* durchlief lokal die Stadien *Homo erectus*, Neandertalerartige und moderne Menschen. Der *Pithecanthropus*-Typ war der Urahne der ›Australoiden‹, *Sinanthropus* jener der ›Mongoloiden‹, und die ›Kaukasier‹ gingen aus dem Heidelberg-Menschen hervor. Die fünf menschlichen Unterarten (Coon unterteilte die ›Negroiden‹ in ›Capoide‹ und ›Congoide‹) hatten sich parallel und in unterschiedlichem Tempo in den verschiedenen geografischen Regionen der Welt über diese Stufen entwickelt. Diejenigen, die als Erste die Menschwerdung abgeschlossen hatten, nach Coon die ›Kaukasier‹ und die ›Mongoloiden‹, seien in der Gegenwart am weitesten fortgeschritten. Coon schloss seine Überlegungen in Bezug auf den Kontinent, auf dem *Australopithecus*, *Homo erectus* und *Homo sapiens* wohl zuerst entstanden waren, mit der Bemerkung: »If Africa was the cradle of mankind, it was only an indifferent kindergarten. Europe and Asia were our principle schools.« (Coon 1962: 656) Aber im Gegensatz zu Ruggles Gates und mehr im Einklang mit Weidenreich erklärte Coon, dass die verschiedenen Linien während ihrer Entwicklung durch genetischen Austausch im Rahmen einer gemeinsamen Art geblieben seien (ibid.: insbesondere 305–309, 332–337).

Obwohl multilineare Modelle auch in den Jahren nach dem Zweiten Weltkrieg fortbestanden, lässt sich generell sagen, dass die allgemeine Akzeptanz der Australopithecinen als Hominiden mit überwiegend menschlichen, aber auch anthropoiden Merkmalen zu einem Rückgang der Erklärungen morphologischer Ähnlichkeiten mithilfe von paralleler Evolution führte. Die Affenmenschen wendeten das Blatt zugunsten Afrikas als Herkunftsort und der Bipedie als früher Anpassung in der Hominidenevolution. Die Anatomie der Australopithecinen wies Ähnlichkeiten zu *Pithecanthropus/Sinanthropus* auf und ermöglichte dadurch die Wiederaufnahme des *Homo erectus* in die Abstammungslinie des modernen Menschen. Zugleich ließen das kleine Gehirn und die menschenähnlichen Zähne der Australopithecinen die Piltdown-Chimäre aus menschenartigem Schädel und äffischem Kiefer seltsamer denn je aussehen. Endgültig aus den Stammbäumen verbannt wurde diese Fälschung durch die revolutionären Fortschritte in der Datierungstechnologie, die wesentlich von dem Geologen Kenneth Oakley am British Museum of Natural History vorangetrieben wurden. Er begann 1947 an einer chemischen Methode zur relativen Datierung zu arbeiten. Die systematische Datierung des Fossilienbestandes gipfelte in Bezug auf Piltdown in den Ergebnissen, die der physische Anthropologe Joseph Weiner in *The Piltdown Forgery* (1955) veröffentlichte. Zu diesem Zeitpunkt wurde aber noch keine Radiokarbondatierung durchgeführt, da die Entnahme der benötigten Menge an Kohlenstoff eine Zerstörung des Fundes bedeutet hätte. Erst 1959, als die Technik verfeinert worden war und kleinere Proben genügten, ergab eine Radiokarbonanalyse einen holozänen Ursprung sowohl für den Schädel als auch für den Unterkiefer. Andere umstrittene Funde wie Leakeys Kanam-Mensch wurden ebenfalls neu eingestuft (nicht älter als mittleres Pleistozän) (Oakley 1964; 1980).

Aber Louis Leakey, seine Frau Mary Leakey und ihre Kinder Richard und Meave Leakey förderten in Ostafrika zahlreiche weitere spektakuläre Funde zutage – am berühmtesten davon ist wohl *Homo habilis* oder Handy Man (Olduvai, 1960) – deren geschätztes Alter mitunter durch neue Datierungstechnologien auch gestützt wurde. Die Leakeys setzten nicht nur die alte Tradition fort, für jedes Fossil eine neue Art oder gar Gattung einzuführen, sie interpretierten diese auch weiterhin im Schema des hohen Alters von *Homo* unter Ausschluss der Australopithecinen aus der Menschwerdung. Die Behauptung, dass der Schädel KNM-ER 1470 (d.h. Kenya National Museum-East Rudolf Fossil Nr. 1470) zu einem beinahe drei Millionen Jahre alten *Homo* gehöre, führte schließlich zu einer öffentlichen Debatte mit Donald Johanson, dessen Team 1974 in Hadar (Afar-Dreieck, Äthiopien) die berühmte Australopithecine *Lucy* (*Australopithecus afarensis*) gefunden hatte, die älter als drei Millionen Jahre zu sein schien. Johanson und sein Kollege Timothy White propagierten Lucy als Vorfahrin der modernen Menschen, während Richard Leakey diesen Platz seinem *Homo* zuschrieb. Aber obwohl die Leakeys für ihre Funde Aufmerksamkeit erheischten und diese oft Gegenstand von Kontroversen wurden, bedeutete die Ära der Leakeys doch eine entscheidende Wende für die evolutionäre Anthropologie. Nicht nur konnte der Fossilienbestand enorm bereichert werden, auch die Methodik wurde verfeinert. So übertrug Mary Leakey die für neolithische Stätten typischen rigoroseren Grabungspraktiken auf die paläolithischen, und es wurden zunehmend professionalisierte interdisziplinäre Teams zusammengestellt.

Während einige PaläoanthropologInnen sich im Einklang mit den neueren Entwicklungen gegen die multilinearen Bäume der Leakeys gestellt hatten und die Ahnenreihe *A. africanus – H. habilis – H. erectus – H. sapiens* annahmen, wurde der Fossilienbestand bald zu komplex dafür. Die meisten WissenschaftlerInnen folgten Johansons Auffassung, dass der *Australopithecus afarensis* den gemeinsamen Vorfahren von zwei Linien darstelle, von *Homo* und *Australopithecus* (Johanson/Edey 1981: Kap. 10, 13–14; Willis 1989; 1992). Und die Sache wurde nur komplizierter. Die seit der modernen Synthese favorisierte Vorstellung einer einzigen Abstammungslinie und die Behauptung, Hominidenfossilien würden keine große taxonomische Vielfalt aufweisen, wurde auch aus theoretisch-methodischer Sicht infrage gestellt.

Die amerikanischen Paläoanthropologen Niles Eldredge und Ian Tattersall vom American Museum of Natural History wendeten die von Eldredge und Gould entwickelte Punktualismus-Hypothese auf die menschlichen Überreste an. Das Modell besagt, dass insbesondere große Populationen in Abwesenheit von Selektionsdruck über lange Zeit stabil bleiben können. Im Gegensatz dazu könnten geografische Isolation und Nischenveränderungen bei kleineren Populationen vergleichsweise rasch zur Artenbildung führen. Die Artenbildung könne also nicht nur allmählich vonstatten gehen, sondern auch episodenhaft. Die Lücken im Fossilienbestand seien nicht – wie Darwin gemeint hatte – vornehmlich Fundlücken, sondern würden oft Evolutionssprünge repräsentieren. Diese Theorie weist zwar klare Parallelen zu Simpsons *Tempo and Mode in Evolution* (1944) auf und könnte somit als eine Weiterentwicklung der modernen Synthese betrachtet werden. Aber anstatt von der Evolution innerhalb einer oder weniger menschlicher Arten auszugehen, vermuteten Eldredge und Tattersall nun, dass die menschliche Entwicklung durch zahlreiche Ereignisse der Artenbildung und des Aussterbens geprägt war.

Zur Untersuchung der evolutionären Beziehungen und Muster im Hominidenbestand wendeten Eldredge und Tattersall die Kladistik an (diese wurde in den 1950er Jahren vom deutschen Entomologen Willi Henning entwickelt). Während die traditionelle vergleichende Morphologie auf der allgemeinen Ähnlichkeit zwischen Organismen fußt, stützt sich das Kladogramm auf die Verteilung individueller Merkmale. In der kladistischen Analyse wird die Verteilung von abgeleiteten (*advanced*) Merkmalen in verwandten Organismengruppen bestimmt und auf dieser Basis auf gemeinsame Vorfahren (die hypothetisch sein können) geschlossen. Im Gegensatz zu abgeleiteten Merkmalen sind primitive Merkmale in einer Gruppe oder in verwandten Gruppen weit verbreitet, erscheinen relativ früh in der Embryonalentwicklung und sind geologisch älter. Die kladistische Methode ist seit den 1980er Jahren breit akzeptiert, und aus ihr gingen menschliche Phylogenien mit großer taxonomischer Vielfalt und zahlreichen ausgestorbenen Ästen hervor (z.B. Tattersall/Eldredge 1977; Tattersall 1995: Kap. 12).

Die im Rahmen der synthetischen Theorie entwickelten Phylogenien und Szeniarien der menschlichen Evolution wurden aber auch von Befunden aus neuen molekularen Methoden infrage gestellt, die insbesondere eine nahe Verwandtschaft und junge Differenzierungsgeschichte der Menschenaffen und Menschen zu belegen schienen. Bevor ich mich diesen Entwicklungen zuwende, muss aber noch auf die Ausrufung einer weiteren Synthese in der Soziobiologie eingegangen werden. Einmal mehr sollte ein neuer Zugang natur-, sozial- und humanwissenschaftliche Fächer im Rahmen einer bestimmten evolutionären Schau einen.

3. Evolutionäre Anthropologie in der neuen soziobiologischen und den molekularen Synthesen

In den ersten beiden Kapiteln habe ich zwei große wissenschaftliche Entwicklungen skizziert: Erstens die fächerübergreifende Durchsetzung des Evolutionsgedankens in der Folge von Darwins *On the Origin of Species* und dessen Anwendung – in unterschiedlichsten Ausprägungen – auf den Menschen und die Dokumente der Vorgeschichte; und zweitens die Herausbildung der Populationsgenetik aus experimenteller Genetik, mathematischer Populationsgenetik und Biometrie und deren Integration mit weiteren Fächern in der modernen Synthese – ein evolutionärer Rahmen, der schließlich mehr oder weniger auf die Anthropologie ausgedehnt wurde (nach Jahn 1990: 577). Zu dieser Zeit waren aber bereits neue Ansätze entstanden, deren Auswirkungen auf die Anthropologie wir noch berücksichtigen müssen. Aus der molekularen Revolution sollte eine evolutionäre Anthropologie nach heutiger Prägung hervorgehen, und mit der Soziobiologie wurde erneut eine Synthese ausgerufen. Sowohl die molekulare Anthropologie als auch die Soziobiologie, deren Aufschwung zeitlich vergleichbar ist, sind letztendlich genzentrierte Ansätze zur Untersuchung des Menschen.

3.1 Die Soziobiologie und die molekulare Anthropologie

3.1.1 Die neue Synthese der Soziobiologie und die Anwendung auf den Menschen

Der auf Ameisen spezialisierte amerikanische Biologe Edward O. Wilson rief 1975 in *Sociobiology: The New Synthesis* einen Ansatz aus, der eine neue wissenschaftliche Synthese bedeuten sollte. Dabei stützte sich Wilson auf Vorläufer. Die Soziobiologie griff insbesondere auf die Selektionstheorie zurück im Versuch, soziales Verhalten auf biologischer Basis zu erklären oder, genauer gesagt, dessen adaptiven Wert aufzuzeigen. Die Beschäftigung mit dem Problem des Altruismus im Anschluss an Darwin hatte zur Vorstellung der Verwandtenselektion geführt, die scheinbar altruistisches Verhalten als das Bestreben des Individuums erklärte, seinen Anteil am Genpool der nächsten Generation zu maximieren, indem es zum Fortpflanzungserfolg genetisch verwandter Organismen beiträgt. Dieses Konzept wurde unter den Begriffen *inclusive fitness* und *kin selection* (*Verwandtenselektion*) entwickelt und mathematisch ausgedrückt (Hamilton 1964).

Während der soziobiologische Ansatz große Erfolge erzielte, wo es darum ging, tierisches Verhalten mathematisch und empirisch als evolutionär adaptiv zu erweisen, war die Übertragung auf den Menschen besonders kontrovers. Im letzten Kapitel von *Sociobiology* hatte sich Wilson in die menschlichen Gefilde vorgewagt, die er dann in *On Human Nature* (1978) gänzlich vereinnahmte. Da soziale Verhaltensweisen genetisch erklärt werden sollten, indem man aufzeigte, dass sie im Laufe der Evolution eine verbesserte Anpassung der Menschen an ihre Umwelt bedeutet hatten, stand für Wilson die Frage nach menschlichen Universalien im Zentrum. Um solche auszumachen, bezog er sich insbesondere auf Studien an Jäger-/Sammler- und anderen ›schriftlosen‹ Gemeinschaften: »Deshalb ist die Anthropologie und nicht die Soziologie oder die Ökonomie die der Soziobiologie am nächsten stehende Sozialwissenschaft. Gerade in der Anthropologie kann man die genetische Theorie der menschlichen Natur am unmittelbarsten verfolgen.« (Wilson 1980: 39) Nach wie vor konnten auch ›geistig Retardierte‹ Einblicke in die Evolution des menschlichen Instinktlebens und der Kulturfähigkeit gewähren, und innerhalb der Tierstudien war es die Primatenforschung, für welche gerade eine Blütezeit anbrach, die für die Soziobiologie am relevantesten war.

Gemeinsamkeiten zwischen Menschenaffen, insbesondere den Schimpansen, und Menschen konnten auf ein hohes stammesgeschichtliches Alter von Eigenschaften hinweisen. Für Wilson waren dies etwa der Geschlechterdimorphismus und im Zusammenhang damit (gering ausgeprägte) Polygynie und männliche Dominanz sowie eine lange Kindheit als Phase sozialen Lernens und damit einhergehend eine starke Bindung an die Mutter. Wilson stützte sich auch auf Jane Goodalls Beobachtungen von koordinierter Jagd, Werkzeuggebrauch und kriegerischem Verhalten zwischen zwei Gruppen im Streit um Territorium bei Schimpansen. Eine universelle Kategorie, die sich aus der Ethnologie zu ergeben schien, war zum Beispiel das Inzesttabu, das damit für Wilson als genetisch determiniert und als frühe Adaption der menschlichen Populationen gelten konnte. Selbst die Tötung von weiblichen Kindern könnte eine reproduktiv effektive Strategie dargestellt haben. Wilson ging überdies davon aus, dass die genetische Evolution auch nach der Herausbildung des typisch menschlichen Adaptionskomplexes weiterhin eine Rolle gespielt habe und heute noch anhalte, sodass sich die Psychologie und das Sozialverhalten verändern würden. Damit lag doch auch ein gewisser Fokus auf verhaltenstechnischen Unterschieden zwischen

›Menschenrassen‹, für die eine genetische Grundlage vermutet wurde (Wilson 1978: Kap. 2).

Für Wilson waren also die Experimente zum Spracherwerb und zum Selbstbewusstsein sowie die Einsichten aus der Verhaltensforschung bei Menschenaffen von großer Bedeutung. Umgekehrt fand der soziobiologische Ansatz Anwendung in der Primatenforschung. Von 1965 an häuften sich Langzeitfeldstudien, und in den 1970er und 1980er Jahren wurde die Forschung Jane Goodalls über Schimpansen, Dian Fosseys über Gorillas und Biruté Galdikas' über Orang-Utans fortgesetzt. Da tierisches Verhalten mit egoistischer Nutzenmaximierung und Kostenminimierung erklärt wurde, hielten Metaphern aus der Ökonomie, Spieltheorie und Kriegführung Einzug in die Verhaltensforschung. Aus einem soziobiologischen Blickwinkel erschien der Affe als gewitzter Stratege. So vermutete zum Beispiel Fossey hinter der Tötung eines Gorillaweibchens den Versuch des Männchens, einen Nebenbuhler um den genetischen Gewinn aus der Paarung zu bringen. Das verwendete Vokabular implizierte bewusste Taktik und kaltes Kalkül. Damit ›Goodalls Schimpansen‹ eine benachbarte Gruppe vorsätzlich und systematisch ausrotten konnten, mussten die Affen in der Lage sein, sich in ihre Artgenossen einzufühlen, sie benötigten gar eine Theorie des Verstandes. Die Tiere wurden zunehmend als Machiavellisten gesehen, die ihre hohe Intelligenz opportunistisch dafür einsetzten, andere Gruppenmitglieder politisch zu manipulieren. Im Kampf der männlichen Affen um genetische Fitness, in dem sie offenbar nicht vor *Kindstötung*, *Mord* und *Vergewaltigung* zurückschreckten, erschienen die Weibchen allerdings kaum als aktive Teilnehmerinnen mit eigenen Interessen. Der männliche Gorilla etwa war ein ›Patriarch, der so viele Weibchen wie möglich monopolisierte‹ – er scharte einen *Harem* um sich. Wie diese Beispiele zeigen, förderte der soziobiologische Ansatz nicht nur Zuschreibungen hoher kognitiver Kapazität, was als Anthropomorphismus kritisiert wurde, sondern gab auch Anlass zu Erklärungen von Verhalten aus der ›männlichen Perspektive‹, was ihm den Vorwurf des Androzentrismus einbrachte (Sommer 2000).

Während die Soziobiologie in ihrer Anwendung auf die Menschenaffen in den Augen mancher BiologInnen zu einer Vermenschlichung der Tiere führte, wurde ihre Übertragung auf den Menschen als genetischer Reduktionismus kritisiert. Die genzentrische Perspektive wurde insbesondere von Richard Dawkins in *The Selfish Gene* (1976) popularisiert. Das Buch war weit über die Wissenschaften hinaus ein internationaler Erfolg – es wurde in mehrere Sprachen übersetzt. Dawkins berichtigte darin, was er für ein Missverständnis der darwinschen Evolutionstheorie hielt (dem auch Wilson aufgesessen sei). Die natürliche Selektion finde nämlich nicht auf der Ebene des Individuums oder gar der Gruppe statt, sondern setze bei den einzelnen Genen an. Das Gen wurde dabei als eine Informationssequenz verstanden, die in mehreren Kopien in verschiedenen Körpern vorliegt. Als Replikator ist es daran interessiert, die Anzahl seiner Kopien zu maximieren. Das egoistische Gen steht deshalb sowohl mit den Genen in anderen Individuen als auch mit solchen innerhalb desselben Körpers in Konkurrenz, denn bei jeder sexuellen Fortpflanzung wird nur ein Teil des Genoms auf die nächste Generation übertragen. In diesem Konkurrenzkampf der Gene um Überleben, Vermehrung und Verbreitung sind Organismen bloße Gefäße. Dabei können Verhaltensweisen sowohl für das Trägerindividuum als auch für das Gen vorteilhaft sein, wenn sie etwa zum Schutz gegen Krankheiten beitragen, oder aber die Interessen von Organismus und Gen stehen in Konflikt miteinander, wie zum Beispiel bei der Spinnenpaarung, bei der das Männchen Gefahr läuft, vom Weibchen verzehrt zu werden.

Die Beschreibung des Gens als egoistisch und mit von Intention geleiteten Strategien ausgestattet hat wiederum zum Vorwurf eines molekularen Anthropomorphismus geführt. Dawkins verteidigt diese scheinbare Vermenschlichung der Gene als Rhetorik, die ein umständliches ›als ob‹ ersetze. Darüber hinaus ist sie aber ein epistemisches Werkzeug, das Kosten-Nutzen-Abwägungen in Bezug auf Altruismus, Egoismus, Kooperation und Täuschung erlaubt. Mit ihrer Gen-Perspektive ist die Theorie des egoistischen Gens als eine Weiterentwicklung des Neodarwinismus zu verstehen, wie ihn die mathematischen Populationsgenetiker entwickelt hatten, indem die natürliche Selektion als die nicht-zufällige differenzielle Reproduktion von Allelen verstanden wird. Die Soziobiologie führte aber den Versuch fort, soziales Verhalten genetisch zu erklären, wie er bereits bei William D. Hamilton, John Maynard Smith, Robert L. Trivers und George C. Williams zu finden war.

Allerdings wird zwar angenommen, dass einfachere Organismen weitgehend durch ihre Gene gesteuert werden. Der Mensch kann jedoch gegen seine egoistischen Gene rebellieren. Dies ist denn auch Dawkins' Replik auf Vorwürfe eines biologischen Determinismus und genetischen Reduktionismus, die er mit dem Verweis auf seine Berücksichtigung der hohen menschlichen Intelligenz zurückweist. Ohne dass er direkt auf Huxley verweisen würde, hat Dawkins zudem den Begriff des Mems eingeführt (Kurzform von *Mimeme*, Imitation), das kulturelle Äquivalent des Gens. Das Mem – ein Gedanke, ein Lied, eine sprachliche Wendung, ein architektonischer Bauplan – ist die Einheit der kulturellen Evolution. In ihm zeigt sich das Fortbestehen, das Verschwinden oder die Veränderung von kulturellen Phänomenen. Analog dem biologischen Replikator steht es in Konkurrenz zu anderen Memen, geht mit anderen Memen stabile Bündnisse ein und unterliegt einem Auswahlprozess. Es verbreitet sich in menschlichen Gehirnen durch Imitation und mittels Kommunikationsmedien, ohne dass dies zum Guten des Trägers oder überhaupt in dessen Bewusstsein stattfinden muss. Solche kulturelle Entitäten wie etwa die Mode haben also durchaus ein Eigenleben in Gesellschaften und prägen den Lauf der menschlichen Evolution mit (Sommer 2009b).

Dennoch: Indem die Soziobiologie den Menschen in denselben Erklärungsrahmen integrierte wie andere Tiere, wurden komplexe menschliche Verhaltensweisen und auch Eigenheiten der zeitgenössischen westlichen Gesellschaften erneut auf der Grundlage der Vererbung und durch evolutionäre Strategien erklärt. Männer und Frauen wurden mitunter als monolithische Einheiten und deren Unterschiede als vorprogrammierte genetische Veranlagung beschrieben. Selbst sexuelle Gewalt und Rassismus galten einigen VertreterInnen als evolutionär stabile Strategien. Obwohl solche Behauptungen sowohl aus ideologischen als auch aus wissenschaftlichen Gründen von BiologInnen und GeisteswissenschaftlerInnen kritisiert worden sind, scheint sich die Anziehungskraft soziobiologischer Erklärungen gerade im populären Bereich zu halten.[31] Heute wird der soziobiologische Ansatz in der Anthropologie insbesondere im Bereich der Verhaltensökologie weiterentwickelt. AnthropologInnen testen dann Hypothesen und Modelle zum adaptiven Wert von Verhalten im Feld, zum Beispiel untersuchen sie Beutewahlstrategien in Jäger-/Sammler-Gesellschaften, die von Parametern wie Profitabilität, Beutedichte und Jagddauer abhängen. AnthropologInnen gehen etwa davon aus, dass sich der Aufwand in Relation zum Ertrag in Kalorien lohnen muss, und sie wollen wissen, ob das untersuchte Verhalten die Fitness der Menschen optimiert, also eine optimale Anpassung an ihre Lebensbedingungen darstellt.

Der mit der Soziobiologie verbundene Reduktionismus lässt vermuten, dass die Vertreter der vorangegangenen modernen

Synthese, die sich als evolutionäre Humanisten gerade auch gegen die von ihnen als reduktionistisch empfundene mathematische Populationsgenetik und den ›übertriebenen Deutungsanspruch‹ des molekularbiologischen Ansatzes wendeten, die sich als neue Synthese vermarktende Soziobiologie verurteilt hätten. Aber auch die populärsten Vertreter der Soziobiologie und evolutionären Psychologie sehen sich als evolutionäre Humanisten – Wilson, Dawkins, Steven Pinker und Daniel Dennett fungier(t)en als Galionsfiguren humanistischer Organisationen. Natürlich stehen die genzentrischen und konkurrenzbezogenen biologischen Theorien in klarem Gegensatz zu den ganzheitlichen Modellen von Huxley, Simpson und auch Mayr oder Dobzhansky.[32] Das sollte aber nicht darüber hinwegtäuschen, dass trotz einer gewissen Dezentrierung des Menschen als freier und rationaler Akteur der kulturellen Evolution und Geschichte Parallelen zwischen dem modernen darwinschen und dem neuen soziobiologischen Programm bestehen, von denen einige bis in die umfassenden Evolutionsvorstellungen des 19. Jahrhunderts zurückreichen.

In erster Linie gilt die Evolutionsbiologie als Leitwissenschaft, die mit einer Zurückweisung des religiösen Glaubens einhergeht, bis hin zur Beschreibung Gottes als ein erfolgreiches, heute aber überholtes Mem. Beide Programme verstehen sich auch als Versuche, die Wissenschaften unter einem neuen Paradigma zu einen. Als der Begriff *sociobiology* in den 1940er Jahren für die biologische Erklärung menschlichen Sozialverhaltens eingeführt wurde, verstand sich der neue Ansatz als interdisziplinär, als Synthese aus Biologie, Psychologie und Soziologie (Scott 1950). Wilson seinerseits sah in der Soziobiologie die naturwissenschaftlich-evolutionäre Fundierung der Soziologie, inklusive der menschlichen Ethik. Und bald sollte sie weitere Felder wie Politikwissenschaft, Recht, Ökonomie und Anthropologie im

Rahmen des neuen Zugangs zum Menschlichen zusammenführen. Neben diesem Anspruch auf eine hierarchisch gedachte Interdisziplinarität, die auf der Basis eines spezifischen Verständnisses der Evolution die Einheit des Wissens herbeiführen sollte, verweist die starke populäre Präsenz auf eine weitere Gemeinsamkeit mit den Zielen der zentralen Figuren der modernen Synthese: den Versuch, die Wissenschaft in die Gesellschaft zu tragen, wo sie eine weltbilderneuernde Wirkung entfalten sollte.

Dennoch lässt sich vielleicht für die Zeit der Soziobiologie eine generelle Tendenz hin zu biologischen Erklärungen für gesellschaftliche Phänomene ausmachen, die im Widerspruch zu den noch in den 1960er Jahren dominanten kulturell oder biologisch begründeten sozialreformerischen Argumenten stehen. Im amerikanischen Kontext entbrannte eine *nature-nurture*-Debatte ausgehend von der Frage »How Much Can We Boost IQ and Scholastic Achievement?«, die der Berkeley-Psychologe Arthur Jensen in seinem gleichnamigen Essay (1969) mit ›marginal‹ beantwortete. Exponenten wie der Stanford-Professor William Bradford Shockley korrelierten ›Rasse‹ und IQ, ohne dabei soziale Ungleichheiten wie etwa in Bezug auf den Zugang zu Bildung und Wissen zu berücksichtigen. Die Debatten um die Frage eines ›rasseabhängigen Intelligenzquotienten‹ kulminierten in *The Bell Curve* (1994) des Psychologen Richard Herrnstein und des Politikwissenschaftlers Charles Murray. Die beiden argumentierten, dass soziale Unterschiede zwischen Klassen und ethnischen Gruppen nicht mehr auf sozioökonomische Faktoren zurückzuführen seien. Vielmehr glaubten sie, dass die amerikanische Gesellschaft mittlerweile nach ererbten Intelligenzunterschieden stratifiziert sei.

Elemente dieser Sichtweise haben sich bei einer kleinen Minderheit durchaus gehalten. So behaupteten etwa der Anthropologe Vincent Sarich, der eine höchst umstrittene Figur an der

Universität Berkeley gewesen war, und der Psychologe Frank Miele in *Race. The Reality of Human Difference* (2004), dass die relativ geringen genetischen Unterschiede zwischen den menschlichen ›Rassen‹ die Unterschiede in Morphologie, Verhalten und Psyche eher wichtiger und nicht weniger wichtig machten, da diese nicht durch Zufall, sondern durch die natürliche Selektion entstanden seien. Sarich und Miele bekräftigten auch wieder die Vorstellung einer Korrelation von Gehirngröße und Intelligenz, die eine Rangfolge der durchschnittlichen Intelligenz von ›Afrikanern über Weiße bis Asiaten‹ etabliere. In der Annahme, dass Afroamerikaner einen geringeren Durchschnitts-IQ hätten als weiße Amerikaner, bestritten sie den Nutzen jeglicher *affirmative action* zugunsten bestimmter Gruppen, während sie meinten, dass ›Rasse‹ als Faktor genutzt werden könne, um aus einem Pool von Stellenbewerbern die geeignetsten Kandidaten auszuwählen. Sie gingen in der Tat davon aus, dass der globale Markt bereits zu wesentlichen Teilen meritokratisch funktioniere: »The best and brightest move to the top – and to the United States.« (Sarich/Miele 2004: 240; vgl. etwa auch Crow 2002)

Sarich war ein Verfechter der Soziobiologie und der evolutionären Psychologie. In Letzterer wurde nicht mehr davon ausgegangen, dass die sozialen Verhaltensweisen direkt von der natürlichen Selektion geprägt worden waren, sondern dies wurde nun für die ihnen zugrunde liegenden psychologischen Mechanismen angenommen. Es kam damit in einem gewissen Sinne zu einer Historisierung, indem nicht von aktuellen oder zeitlosen Funktionen wie etwa der Fortpflanzung ausgegangen wurde, sondern von jenen Problemen, mit denen unsere Vorfahren im Pleistozän konfrontiert gewesen seien. Unsere kognitiven Strukturen seien durch Anpassung an die sozialen und umweltbedingten Herausforderungen der Steinzeit entstanden. Neuronale Module hätten sich dabei zur Lösung bestimmter Probleme wie zum Beispiel der Vermeidung von Inzest entwickelt. Dabei findet gleichzeitig eine Abkehr von dem historischen Denken statt, wie es für evolutionäre Ansätze eigentlich zentral ist, indem angenommen wird, dass sich diese neuronalen Grundlagen seither nicht wesentlich verändert hätten und dass die Verhaltensweisen, die sie regeln, unter den heutigen Lebensbedingungen auch nicht mehr adaptiv sein müssen. Wie in der Soziobiologie ist in der evolutionären Psychologie der Reproduktionserfolg die Währung, in der sich evolutionär adaptives Verhalten auszahlt, weshalb gerne Verhaltensunterschiede zwischen den Geschlechtern angeschaut werden. Allerdings sind als generell männlich postulierte Strategien wie ›Männer bevorzugen jüngere Frauen, deren Körperformen auf eine hohe Fruchtbarkeit hinweisen‹ von EthnologInnen widerlegt worden, und die evolutionäre Psychologie wurde aus unterschiedlichen Perspektiven stark kritisiert (z.B. Griffith 2008; Brigandt 2010: 119–120).

Auf große Anerkennung sind dagegen die Arbeiten des experimentellen Psychologen Michael Tomasello gestoßen, der am Yerkes Primate Center gearbeitet hat und zurzeit als Ko-Direktor am Max-Planck-Institut für Evolutionäre Anthropologie in Leipzig tätig ist, dessen Wolfgang-Köhler-Primaten-Forschungszentrum er leitet. Tomasello beschäftigt sich mit den Prozessen der sozialen Kognition, des sozialen Lernens und der Kommunikation bei Kindern und großen Menschenaffen. In *The Cultural Origins of Human Cognition* (1999) geht es ihm insbesondere um die kognitiven Eigenschaften, die die Menschen von anderen Primaten unterscheiden. Einzigartig unter Säugetieren ist für ihn, dass Primaten soziale Beziehungen zwischen anderen Individuen ihrer Gruppe verstehen (etwa deren Verwandtschafts- und Dominanzbeziehungen). Tomasello sieht darin die evolutionäre Vorstufe zur menschlichen Fähigkeit, die intentionalen Beziehungen von Lebewesen zu ihrer Umwelt zu begreifen (d.h. Mitmenschen als intentionale und geistbegabte Akteure aufzufassen) und die kausalen Zusammenhänge zwischen Objekten und Ereignissen zu verstehen.

Entgegen der Einschätzung von PrimatologInnen wie etwa Frans de Waal spricht Tomasello in diesem Buch den nichtmenschlichen Primaten genau dieses Verständnis ab und definiert es als das charakteristische Merkmal des modernen *Homo sapiens* (seit ca. 250 000 Jahren) und als die Grundlage seiner kulturellen Evolution. Diese spezifisch menschlichen kognitiven Eigenschaften sind nach Tomasello zwar biologisch angelegt, ihre Ausbildung ist jedoch flexibel und geschieht im Zuge der Individualentwicklung, in der sich Kinder in ihre kulturelle Umwelt einfügen. Darin liegt für Tomasello das Geheimnis der kumulativen kulturellen Evolution, die die Entwicklung der Menschheit auszeichnet. Aufgrund ihrer einzigartigen kognitiven Kapazität fühlen sich Menschenkinder (ab einem Alter von etwa neun Monaten) in ihre Mitmenschen ein und beginnen allmählich deren Aufmerksamkeit und Ziele zu teilen. Über kulturelle Lernprozesse werden sie zu AkteurInnen in der Gestaltung der Kultur (Soziogenese von materiellen und symbolischen Artefakten). Menschen vermögen sich so auf die Schultern der vorangegangenen Generationen zu stellen, deren Errungenschaften zu nutzen und weiterzuentwickeln – ein Prozess, der durch den Gebrauch von Sprache stark katalysiert wird. Demgegenüber sieht Tomasello in den Kulturen nicht-menschlicher Primaten keinen solchen Wagenhebereffekt am Werk. Seit der Publikation von *Cultural Origins of Human Cognition* (1999) hat der Autor seine Position allerdings im Hinblick darauf, welche kognitiven Fähigkeiten für geteilte Intentionalität notwendig sind und welche davon die nichtmenschlichen Primaten besitzen, weiter differenziert. Demnach scheinen Menschenaffen fähig zu sein, Intentionalität zu erkennen; die spezifisch menschliche kollektive Intentionalität bedingt aber eine weiterentwickelte Form intersubjektiven Verstehens (Sommer 2012a).

Mit Tomasellos evolutionär-psychologischem Ansatz, der die Rolle der Kultur stark gewichtet, haben wir uns von der genzentrischen Perspektive entfernt. Aber noch während der Formulierung der soziobiologischen Theorien, in denen das Gen als eine abstrakte Recheneinheit erschien, war eine Revolution im Entstehen begriffen, in der das Gen zur molekularen Grundlage empirischer Studien wurde. Die frühe Soziobiologie war durchaus an Erkenntnissen etwa aus der humangenetischen Zwillingsforschung und über genetische Aberrationen interessiert, die einen Bezug zur Vererbung und Evolution von Verhalten aufweisen. Die Weiterentwicklung der molekularen Technologien erlaubte es schließlich, auf soziobiologischem Kalkül basierende Hypothesen zu fortpflanzungsbezogenen Verhaltensweisen bei Tieren zu überprüfen, indem die Rentabilität solcher ›Strategien‹ im Sinne der ›Genverbreitung‹ untersucht wurde (z.B. durch genetische Vaterschaftstests). Auch die Ergebnisse aus der Anwendung der Technologien zur Vervielfachung und Sequenzierung von DNA-Segmenten und zu deren vergleichender Analyse in der phylogenetischen Forschung, die Gegenstand der folgenden Kapitel sein werden, flossen in die Werke von Soziobiologen ein.

In *The Ancestor's Tale* (2004) stilisierte sich der Theoretiker Dawkins als Historiker, der sich mit den genetisch rekonstruierten Verwandtschaftsbeziehungen in der organismischen Welt und mit evolutionsgeschichtlichen Abläufen auseinandersetzt und dabei auch Wissen aus der vergleichenden Anatomie, der Paläontologie, Geologie und Archäologie berücksichtigt. Mit einem Augenzwinkern in Richtung der KreationistInnen, welche die Lücken in der fossilen Überlieferung immer noch als Argument gegen die Evolution anführten, erklärte Dawkins allerdings, dass wir bei der Rekonstruktion der Evolutionsgeschichte (zumindest der lebenden Arten) gar nicht auf Fossilien angewiesen seien. Konsequenterweise hält ein Genzentrist wie Dawkins jene Stammbäume, die auf der DNA-Sequenz basieren, für fundierter als solche, die ausschließlich vom Fossilienbestand ausgehen. Der mimetische Verweis auf Geoffrey Chaucers *Canterbury Tales* sowie der Gebrauch von religiösen Metaphern wie *Pilgerfahrt* und *Baum des Lebens* im Kontext der genetischen Analyse machen deutlich, dass nach Dawkins die Deutungsmacht darüber, wer wir sind und woher wir kommen, nun bei jenen liegt, die ›in den Genen lesen‹ (Sommer 2012b). Diese Technologien, und die damit einhergehenden epistemologischen Argumente, sind nun abschließend in ihrer Entstehung zu betrachten.

3.1.2 Die molekulare Revolution und die molekulare Anthropologie

Die Anwendung molekularer Technologien auf Fragen der Geschichte und Diversität des Menschen hat ihre Vorläufer bereits Anfang des 20. Jahrhunderts. Der deutsche Immunologe Karl Landsteiner – der Entdecker des AB0-Blutgruppensystems – hatte nämlich nahegelegt, dass sich Menschen anhand ihrer immunologischen Reaktionen auf die Behandlung mit dem Blut einer anderen Person in Gruppen einteilen ließen. AnthropologInnen hatten auch die Arbeit des britischen Bakteriologen H. F. Nuttall wahrgenommen, der die gegenseitigen immunologischen Reaktionen von Blutseren verschiedener Affenarten und Menschen untersuchte. Seine Experimente zeigten, dass Menschen den Menschenaffen sehr nahe verwandt sind, und er stellte eine besonders große Ähnlichkeit mit den afrikanischen Menschenaffen fest (Nuttall 1904). In *Ursprung der Menschheit* (1932) brachte etwa der deutsche Anthropologe Hans Weinert Blutserumtests als eine der Säulen vor, die seine Behauptung einer engen Beziehung zwischen Menschen und afrikanischen Menschenaffen stützten, insbesondere zwischen Menschen und Schimpansen. Aus der vergleichenden Anatomie, Embryologie und Paläoanthropologie schloss Weinert auf die enge Verwandtschaft der Menschen mit den Schimpansen, von denen sie sich evolutionsgeschichtlich zuletzt getrennt hätten. Wie wir noch sehen werden, sollten immunologische Analysen insbesondere ab Anfang der 1960er Jahre Weinerts Kritik an Systematiken weiter stützen, die Hominide und Pongide als zwei separate Familien fassten. Weinert (1932: 316–317) trennte die Menschen auf der Stufe der Gattung von den Menschenaffen.

Es hatte sich aber auch eine Anwendung des Wissens über Blutgruppen entwickelt, die darin bestand, ihre Verteilung in unterschiedlichen Menschengruppen zu untersuchen. Während des Ersten Weltkriegs nutzten Ludwik und Hanka Hirszfeld die Gelegenheit, die das Zusammenkommen von Angehörigen verschiedener Nationen in den Truppen der Entente bot, für solche Untersuchungen. Sie glaubten zeigen zu können, dass die vier AB0-Blutgruppentypen in unterschiedlichen Verhältnissen vorkamen und dass die Verteilung der Häufigkeiten mit der geografischen Verbreitung der untersuchten Gruppen zusammenhing (Hirschfeld/Hirschfeld 1919). Diese Untersuchungen werden gerne als Ursprung der genetischen Populationsforschung beschrieben, und es scheint, dass nationale und ›rassische‹ Stereotypen die Blutgruppenforschung bereits bei dieser frühen Sammelpraxis begleiteten: »We had to speak in a different way to each nation. It was enough to tell the English that the objectives were scientific. We permitted ourselves to kid our French friends by telling them that we could find out with whom they could sin with impunity. We told the Negroes that the blood tests would show who deserved leave; immediately, they willingly stretched out their black hands to us.« (L. Hirszfeld, »The Story of One

Life«, unveröffentl. Übersetzung von *Historia Jednego Zycia*, zitiert in Schneider 1996: 282) In der Folge sahen der amerikanische Immunologe William C. Boyd und andere ForscherInnen in den Blutgruppenverteilungsstudien einen robusten Ansatz, um zu einer Systematik der ›Rassen‹ zu gelangen.

In der Ära solcher Blutgruppenstudien bildete sich ein Zentrum heraus, das ein Netzwerk aus ForscherInnen zu verbinden vermochte. WissenschaftlerInnen wendeten sich an Arthur Mourants serologische Laboratorien in Großbritannien, wenn es Populationen für die Probennahme zu identifizieren galt, und sie fragten dort nach dem besten Vorgehen zur Probensammlung. Sie erkundigten sich nach ExpertInnen für bestimmte Bereiche, informierten über ihre Projekte und Expeditionen, sandten Blutproben zur Analyse ein und erhielten Seren und Blutgruppendaten. Denn Mourants Team stellte riesige Mengen an Daten über Blutgruppenfrequenzen in Menschenpopulationen zusammen, teils aus Publikationen und teils direkt aus der Forschung. Anders als Boyd sah Mourant in der Blutgruppenforschung die Möglichkeit einer »scientific anthropology« (Mourant 1954: 1), die mit dem alten Rassenansatz in der Anthropologie aufräumen würde. Er war eine zentrale Figur in dem Unterfangen, möglichst große Datenmengen zur Verteilung der sogenannten klassischen oder konventionellen genetischen Marker zu gewinnen, also zu Blutgruppen, Enzymen, Serumproteinen, dem Immunglobulin- und dem menschlichen Leukozytenantigen-System. Diese Daten stellten er und seine Verbündeten der wissenschaftlichen Gemeinschaft schließlich in Büchern wie *The Distribution of the Human Blood Groups and Other Polymorphisms* (1954 und 1976), *The ABO Blood Groups* (1958) und *Blood Relations: Blood Groups and Anthropology* (1983) zur Verfügung.[33]

Im Zuge der Molekularisierung der Biologie in den 1950er und 1960er Jahren kam aber bei der Beantwortung traditioneller anthropologischer Fragen eine Reihe neuer chemischer und physikalischer Technologien zur Anwendung. Wie die Molekularisierung der Biologie allgemein, so ging auch die Molekularisierung der Anthropologie mit einem eher reduktionistischen Ansatz einher. Gene waren nicht allein epistemische Objekte, die in Abhängigkeit von theoretischen Konzepten, experimentellen Praktiken und Instrumenten standen. Sie waren auch politische Objekte, die Prioritätsdiskussionen in Bezug auf die Definitionsmacht über den Menschen prägten. Wir haben gesehen, dass just zu dieser Zeit auch die evolutionäre Synthese auf die Anthropologie angewendet werden sollte, und Dobzhansky brachte die Situation 1964 auf den Punkt, indem er feststellte, dass der Gegenstand ›Mensch‹ in die Kampfzone zwischen organismischen und molekularen Ansätzen geriet: »The part played by the molecular and the organismic biology come out with extraordinary clarity when viewed against the background of the Science of Man.« (Dobzhansky 1964: 451)

Der Begriff *molekulare Anthropologie* wurde von dem amerikanischen Biologen österreichischer Abstammung Emile Zuckerkandl eingeführt, um die Erforschung des Primatenstammbaums und der menschlichen Evolution anhand der genetischen Information in Proteinen und Polynukleotiden zu bezeichnen. Der Anlass war das Burg-Wartenstein-Symposium von 1962 (Dietrich 1998: 91–95; Morgan 1998: 174–175). Die Burg Wartenstein in Österreich war von der Wenner-Gren Foundation for Anthropological Research gekauft worden, um internationale und interdisziplinäre Symposien rund um Fragen der Anthropologie zu ermöglichen. Axel L. Wenner-Gren äußerte den Wunsch, dass »[c]onferences and symposia are to be projected whenever possible and practicable on interdisciplinary problems where anthropology could act as the integrating factor« (zit. in Haury 1963: 90). Die Konferenz von 1962 scheint diesen Wunsch nach der

Anwendung unterschiedlicher Ansätze auf anthropologische Fragen erfüllt zu haben. Jedoch war sie weit weniger integrativ als vorgesehen. Die Motivation für das Symposium rührte von dem Eindruck, dass die biologische Anthropologie noch ungenügend in die moderne Synthese integriert worden sei. Es galt also, sie mit den Errungenschaften der modernen Evolutionsbiologie in Einklang zu bringen. So war es denn auch Washburn, der das Burg-Wartenstein-Symposium von 1962 organisierte und den Konferenzband herausgab. Und das Treffen wurde von den Architekten der modernen Synthese Simpson, Mayr und Dobzhansky dominiert. Simpson, der den Konferenzband einleitete, machte denn auch deutlich, dass das Hauptanliegen darin bestand, Ordnung in das Klassifikationschaos bei den Hominiden zu bringen: »It is notorious that hominid nomenclature, particularly, has become chaotic.« (Simpson 1963: 5)

Als Grund für das Chaos sah Simpson die veralteten Methoden der physischen Anthropologie, die es versäumt habe, die Wende in der zoologischen Taxonomie nachzuvollziehen, und stattdessen viel zu viele Taxa für die wenigen Fossilien benannt habe. Es galt nun, den Primatenstammbaum durch Anwendung der modernen Evolutionsbiologie zurechtzustutzen. Es scheint, als ob auch die drei Aufsätze zur molekularen Anthropologie Teil dessen waren, was es unter das synthetische Paradigma zu bringen galt. Interessant ist hier, dass, bevor der Leser des Konferenzbandes überhaupt mit den Resultaten der molekularen Anthropologie vertraut gemacht wird, Simpson deren Geltungsmacht schmälert: »Seemingly contradictory evidence (e.g. that of the haemoglobins as reported by Zuckerkandl in this book) indicates merely that in *certain* characters *Homo* and its allies retain ancestral resemblances and that *these* are not the characters involved in their otherwise radical divergence – a common and indeed universal phenomenon of evolution.« (ibid.: 25) Simpson

zog die genannten Studien zwar heran, um Gorillas und Schimpansen in einer Gattung zu einen. Aber was die Menschen betraf, so mochten sie insbesondere den afrikanischen Menschenaffen biochemisch ähnlich sein, in den relevanten Kriterien der Morphologie und mit ihrem adaptiven Komplex aus Bipedie, Werkzeugherstellung und Sprache hatten sie sich jedoch weit von den Affen entfernt.

Mit »seemingly contradictory evidence« meinte Simpson neben den Resultaten aus Zuckerkandls Forschung jene von Morris Goodman (Wayne State University School of Medicine, Detroit, Michigan). Goodman ging mit Simpson darin einig, dass es der physischen Anthropologie und Paläoanthropologie an wissenschaftlicher Genauigkeit mangele. Aber statt die Lösung in einem spezifischen theoretischen Ansatz zu sehen, setzte Goodman auf eine Objektivität, die den neuen serologischen und biochemischen Methoden und deren Objekten innezuwohnen schien. Goodman hatte Serumproteine verschiedener Primaten elektrophoretisch analysiert und ihre Immunoreaktivität verglichen. Die Untersuchungen ergaben, dass die Schimpansen und Gorillas dem Menschen am ähnlichsten waren – möglicherweise in dieser Reihenfolge –, gefolgt von Orang-Utan und Gibbon. Dies widersprach den klassischen Primatenstammbäumen nicht. Jedoch forderte Goodman aufgrund der molekularen Ähnlichkeit zwischen den afrikanischen Menschenaffen und dem Menschen, diese in eine gemeinsame Familie zu stecken. Damit richtete sich Goodman explizit gegen Simpson, indem er darauf bestand, dass die Systematik molekulare und morphologische Ähnlichkeit, nicht aber strukturell-funktionale Adaptionen berücksichtigen sollte (Goodman 1963).

Goodman gruppierte also die afrikanischen Anthropoiden und den Menschen in der Familie *Hominidae* und beließ lediglich den Orang-Utan in jener der *Pongidae*. Er rüttelte aber nicht an den zeitlichen Dimensionen des Primatenstammbaums, sondern erklärte die Ähnlichkeit zwischen afrikanischen Menschenaffen und Menschen auf der Ebene von Serumproteinen mit einer Verlangsamung der molekularen Evolution bei höher entwickelten Organismen. Diese Provokation kam von Zuckerkandl. Im Jahr der Konferenz hatte Zuckerkandl nämlich gemeinsam mit dem physikalischen Chemiker Linus Pauling (California Institute of Technology) das Konzept der molekularen evolutionären Uhr formuliert (Zuckerkandl/Pauling 1962: insbesondere 198–206; siehe auch Zuckerkandl/Pauling 1965a: 148). Dieses basiert auf der Idee, dass sich Proteine – wie Organismen – entwickeln und dass zwei Gruppen von Organismen, die einmal einen gemeinsamen Vorfahren hatten, zu jenem Zeitpunkt auch die gleiche molekulare Zusammensetzung aufwiesen. Nach der Trennung würden sich die ursprünglich identischen Moleküle in den zwei Abstammungslinien unabhängig voneinander verändern, dabei aber strukturelle Homologien beibehalten. Das Konzept der molekularen Uhr beruhte ferner auf der Annahme, dass die Geschwindigkeit der Aminosäurenänderungen in verschiedenen Linien über die Zeit konstant sei. Die Annahme schien durch die große Flexibilität der Proteinstruktur in Bezug auf die Funktion gerechtfertigt: Mutationen fielen deshalb meist selektiv neutral aus.

Zuckerkandl und Pauling hatten die Aminosäuresequenz der Alphakette des Hämoglobins bei Pferd und Mensch verglichen. Anhand der gefundenen Sequenzunterschiede und der geologischen Datierung des gemeinsamen Vorfahren errechneten sie die durchschnittliche Zeit, in welcher eine Aminosäure ausgewechselt wurde. Diese Mutationsrate wendeten sie nun auf den Vergleich zwischen Mensch und Gorilla an, womit sie auf eine Schätzung von elf Millionen Jahren für den letzten gemeinsamen Vorfahren kamen. Dieser Wert lag gerade noch im untersten Bereich der damaligen Annahmen. An der Konferenz von 1962 legte sich

Zuckerkandl aber mit Simpson an, indem er die Gene, die zu diesem Zeitpunkt nur indirekt über Proteine analysiert werden konnten, als die fundamentalen Objekte für die Systematik reklamierte. Seiner Meinung nach hatte die Proteinsequenz als Substitut für die DNA-Sequenz mehrere Vorzüge gegenüber Fossilien. Ein genereller Vorteil war für Zuckerkandl, dass die Untersuchungsobjekte der molekularen Anthropologie stärker von Umwelteinflüssen abgeschirmt sind. Er betonte, dass das Gen, da es die grundlegende Einheit des Organismus sei, weniger den ›verfälschenden‹ organismischen und umweltbedingten Komplexitäten unterliege als höhere Organisationsebenen wie die Morphologie: »proteins are a ›cleaner‹ material for phyletic investigations than morphological characters.« (Zuckerkandl 1963: 260) In den Genen beziehungsweise Proteinen sei die Evolutionsgeschichte am unmittelbarsten aufgezeichnet, denn »the further away we get in the series of integrated biological levels from the gene level, the more disturbance is caused by environmental effects« (ibid.: 267).

An der Burg-Wartenstein-Konferenz von 1962 diskutierten die Synthetiker Simpson, Dobzhansky und Mayr auf der einen Seite und die molekularen Anthropologen Goodman und Zuckerkandl auf der anderen Seite über genau diese Prioritätsfragen. Obwohl das Symposium zum Ziel hatte, die Paläoanthropologie durch die Klassifikationsmethode der neuen Systematik zu modernisieren, kam es anders. Washburn erinnerte sich später, dass sich trotz der Dispute zwischen physischen Anthropologen und Synthetikern der Hauptkonflikt zwischen Simpson, Dobzhansky und Mayr einerseits und Zuckerkandl und Goodman andererseits entzündete (Washburn 1983: 19). Diese Aussage eines Augenzeugen wird durch die Debatten bestätigt, die unmittelbar nach dem Symposium losbrachen. Den Evolutionsbiologen war scheinbar erst auf der Konferenz in Österreich bewusst geworden, welche Ansprüche auf Deutungshoheit und Überlegenheit mit den neuen molekularen Methoden verbunden waren. Simpson, Dobzhansky und Mayr machten sich daran, in Publikationen gegen diese zu argumentieren. Sie setzten ihre große wissenschaftliche Autorität dazu ein, die molekulare Anthropologie in ihre Schranken zu weisen. Einzig die Organismen in ihrer Gesamtheit und als Teil von Populationen und Umwelten, so das Argument, können die natürliche Ordnung der Lebewesen und deren Evolutionsgeschichte offenbaren. Während die molekularen Anthropologen die relative Abgeschirmtheit des Genoms von der natürlichen Selektion als Argument für den molekularen Ansatz anführten, sahen die Synthetiker diese gerade als Gegenargument. Denn wie sollte etwas eine Evolutionsgeschichte speichern, an dem die wichtigen Ereignisse scheinbar spurlos vorbeigehen (Dobzhansky 1964; 1966; Mayr 1963; Simpson 1964; 1966a; 1966b).

Im Anschluss an das Symposium von 1962 veröffentlichten Zuckerkandl und Pauling ihrerseits den Artikel »Molecules as Documents of Evolutionary History«. Darin machten sie keinerlei Abstriche: »We may ask the questions where in the now living systems the greatest amount of their past history has survived and how it can be extracted.« (Zuckerkandl/Pauling 1965b: 357) Die Antwort auf die erste Frage lautete: in den Genen beziehungsweise in DNA, RNA und Proteinen. Diese Reihenfolge widerspiegelte die Relevanz der Moleküle als Informationsträger. Sie wurden daher als *primary*, *secondary* und *tertiary semantides* bezeichnet. Die Gene waren die *primary semantides* im Sinne von »linear ›sense carrying‹ units« (ibid.: 358). Die Hierarchie der Moleküle ergab sich aus einem Informationsverlust vom Gen zur RNA und von dieser zum Protein. DNA sei der informativste Semantid, weil unterschiedliche Nukleotidtripletts für dieselbe Aminosäure kodieren können; mit anderen Worten, nicht jede Mutation in der DNA-Sequenz wird auf der Ebene der Proteine sichtbar. Dieses Phänomen bezeichneten Zuckerkandl und Pauling als *isosemantic heterozygosity* – »the ›sense‹ of the ›word‹, in terms of amino acids, may remain the same« (ibid.: 361). Im Übergang von DNA zu RNA gehe Information des Weiteren auch deshalb verloren, weil große Teile des Genoms gar nicht für Proteine kodieren.

Für Zuckerkandl und Pauling eröffnete sich also die Möglichkeit, dass es Veränderungen auf der Ebene der DNA gibt, die auf keiner höheren Ebene der organismischen Integration sichtbar werden. Dieses Phänomen bezeichneten sie als *primary crypticity*. Zuckerkandl und Pauling erspähten eine genetische Sprache, die nicht in jene der Proteine übersetzt wird und die daher nicht der natürlichen Selektion unterliegt: »If natural selection did not act on the other postulated type of isosemantic substitutions, those of ›primary crypticity‹, not recognized by transfer RNA, the occurrence of such substitutions would be random.« (ibid.: 365) Diese Art von Mutationen würde rein stochastisch auftreten. Aus der Retrospektive fällt somit die Ähnlichkeit zur erst später formulierten Hypothese der neutralen Evolution auf molekularer Ebene auf. Und aus den Neologismen und Erklärungen wird deutlich, dass für Zuckerkandl und Pauling die Gensequenz über den in der Molekularbiologie geläufigen Informationsbegriff hinaus, wie ihn Lily Kay (2000: Kap. 3–4) herausgearbeitet hat, noch eine historische Art der Information enthielt. Aus ihrer Sicht eröffnete sich ein Blick in einen Zeittunnel: »there is more history in the making and more history preserved than at any other level of biological integration.« (Zuckerkandl/Pauling 1965b: 360)

Die Bezeichnung des Genoms und des Gens als »documents of evolutionary history« war hier wörtlich gemeint, denn die Abfolge der Nukleotide von primärer Kryptizität wurde als unmittelbare Aufzeichnung evolutionären Wandels aufgefasst. In den

Genen würden Informationen archiviert, die nur mit der Evolution der Spezies zu tun hatten, indem Gene sich im Laufe der Zeit veränderten und von Organismus zu Organismus weitergegeben wurden, diese Art der Veränderung aber nichts zur individuellen Ausprägung des Organismus beitrug. Falls gewisse Mutationen tatsächlich keine phänotypische Wirkung hätten, würden sie ›lediglich‹ evolutionäre Prozesse aufzeichnen. Es handelte sich also um einen deutlich anderen Begriff von Evolution als bei den Synthetikern.

Der Erfolg dieses Ansatzes begann sich bereits 1975 abzuzeichnen, als ein Folgesymposium auf Burg Wartenstein stattfand, das Zuckerkandls Begriff der molekularen Anthropologie von 1962 aufnahm. Die Konferenz zur Stellung des Menschen im Stammbaum der Primaten und zur menschlichen Evolution trug den Titel *Progress in Molecular Anthropology*. Dass der molekulare Ansatz an Autorität gewonnen hatte, wurde auch daraus deutlich, dass es nun Goodman und die HumangenetikerInnen Richard E. Tashian und Jeanne H. Tashian waren, die die Tagung leiteten und den Konferenzband herausgaben. Die von der Wenner-Gren Foundation finanzierte Konferenz brachte ExpertInnen aus der Protein- und Nukleotidchemie, der Genetik, Statistik, physischen Anthropologie und der Paläoanthropologie zusammen. Allerdings waren der Paläoanthropologie im Sammelband gerade noch zwei Artikel gewidmet. Unter den molekularen und biochemischen Ansätzen waren Proteinsequenzierung, immunologische Analysen von Serumproteinen und DNA-Hybridisierung. Des Weiteren wurden mathematische Modelle zur statistischen Interpretation der molekularen Daten vorgestellt.

Im Zentrum stand nun die molekulare Anthropologie, und die OrganisatorInnen resümierten später das Konferenzgeschehen: »The notion of the intrinsic superiority of molecular data over data from the fossil record was introduced. Analysis of the fossil record has apparently been more subjective than analysis of molecular data, which lends itself better to techniques of rigorous mathematical logic.« (Goodman/Tashian/Tashian 1976: 493) Der Graben zwischen den Ansätzen war tiefer und breiter geworden. PaläoanthropologInnen hielten aufgrund des Fossilienbestandes an langen unabhängigen Entwicklungslinien der Anthropoiden und Hominiden fest. Demgegenüber war das Vertrauen der molekularen AnthropologInnen in die Moleküle weiter gewachsen, und eine geringe molekulare Distanz schien nun deutlicher auf phylogenetische Nähe zu verweisen.

Am lautesten vertrat aber der amerikanische Anthropologe Sarich die Meinung, dass die molekulare der morphologischen Methode überlegen sei. Gemeinsam mit dem Biochemiker Allan Wilson hatte Sarich bereits in den 1960er Jahren begonnen, die immunologische Analysemethode auf die Primaten anzuwenden. Sarich und Wilson entwickelten die Hypothese einer immunologischen Uhr. Sie gingen von einer mathematischen Beziehung aus zwischen der immunologischen Distanz zweier Arten und der Zeit, die seit deren Trennung verstrichen war. Aus ihren Experimenten schlossen sie, dass sich die Linien der afrikanischen Menschenaffen und der Menschen vor gerade einmal fünf Millionen Jahren getrennt hätten. Dieses Resultat stand nun in starkem Gegensatz zu Stammbäumen, die anhand von Knochen erstellt worden waren (Sarich/Wilson 1967).

Die revolutionären Resultate von Wilson und Sarich kamen aus dem 1965 eröffneten prototypischen Labor für molekulare Evolution an der University of California in Berkeley, von dem aus WissenschaftlerInnen in Laboratorien weltweit gingen. Wilson lehrte mehr als 200 DoktorandInnen und PostdoktorandInnen in molekularer Evolutionsbiologie. Nahezu alle WissenschaftlerInnen, die in den 1970er und 1980er Jahren empirische Forschung in diesem Bereich betrieben, waren in Wilsons Labor ausgebildet worden. Sarich selbst war von dem ebenfalls in Berkeley tätigen Washburn eingestellt worden, weil dieser im Anschluss an die Burg-Wartenstein-Konferenz von 1962 die Wichtigkeit des neuen molekularen Ansatzes erkannte und entsprechende Forschung in Berkeley aufbauen wollte. Der in Anthropologie promovierende Sarich sollte in dem neuen Labor von Wilson ausgebildet werden (Washburn 1983: 21; Sarich/Miele 2004: 111–112). Die Anthropologen Washburn und Sarich sind also Beispiele dafür, dass die Trennlinie zwischen molekularem und morphologischem Ansatz nicht strikt nach disziplinärem Hintergrund verlief.

Sarich teilte das Vertrauen seines Doktorvaters in die molekularen Methoden. Für ihn war klar, dass aus Fossilien nicht mehr viel zu lesen war, wo schon die objektiven Laborverfahren zum Einsatz gekommen waren: »one no longer has the option of considering a fossil specimen older than about eight million years a hominid *no matter what it looks like.*« (Sarich 1971: 76) Sarich griff auf das alte Argument zurück, dass die Anthropologie besonders stark an ›kultureller Verunreinigung‹ leide, weil ihr Untersuchungsobjekt mit ihrem Forschungssubjekt identisch sei. Die Geschichte der Anthropologie könne als Versuch verstanden werden, den Menschen den gebührenden Platz in der Ordnung der Natur zuzuweisen. Eine solche »distortion of anthropoid taxonomy caused by giving man his ›proper‹ rank« (Sarich/Cronin 1976: 166) verortete Sarich in den Systematiken der EvolutionsbiologInnen und PaläoanthropologInnen. Diese klassifizierten den Menschen weiterhin als einzigen Vertreter einer eigenen Familie und schoben seine Trennung von den Anthropoiden in der Evolutionsgeschichte zu weit zurück. Solche Spezialbehandlungen »involve a good deal of advocacy and emotionalism«, wogegen die Daten aus den molekularen Labors »direct, quantitative, and objective« seien (ibid.: 164).

Aber an dem Symposium von 1975 wurde die Analyse der fundamentalen organismischen Ebene, der DNA, auch gegenüber den immunologischen Verfahren favorisiert. Obwohl das Verfahren der DNA-Sequenzierung, wie übrigens auch jenes der Proteinsequenzierung, noch aufwändig und teuer war, hegten die wenigsten Zweifel daran, dass dies die Methode der Zukunft sein würde. Der Genetiker K. W. Jones (Edinburgh University) präsentierte darüber hinaus die Resultate von DNA-Hybridisierungen. Er zog den Vergleich sogenannter Satelliten-DNA von Anthropoiden und von Menschen unter der Prämisse, dass »[t]he DNA of a species documents its evolutionary history« (Jones 1976: 357). In Jones' Beitrag trat auch das Verlangen zutage, die jüngere Evolutionsgeschichte des Menschen auf der Ebene der DNA zu erforschen. Mit Satelliten-DNA, einem neu stabilisierten Objekt der Molekularbiologie, schien dies in den Bereich des Möglichen zu rücken. Die hoch repetitiven, kurzen und nicht-kodierenden Genomabschnitte wiesen eine hohe Mutationsrate auf. Eine relativ junge Art menschlicher Satelliten-DNA würde vielleicht die ›rassische‹ Variation und Evolution des modernen Menschen aufzeigen können.

Für Washburn bedeutete die Molekularisierung der Anthropologie endlich die Verwissenschaftlichung des Felds. Bei einem Treffen des Western Center of the American Academy of Arts and Sciences verspottete er die vergleichende Anatomie als eine Art Pseudowissenschaft des 19. Jahrhunderts, die einfach Geschichten über die menschliche Evolution erzählt habe. Washburn verurteilte die früheren Vorstellungen einer zielgerichteten und fortschrittlichen Evolution, zeichnete aber ein progressives Bild von der Entwicklung der Wissenschaften, die sich mit der menschlichen Herkunft beschäftigen, von Erzählungen, die ohne fossile Belege auskamen, über unsinnige Geschichten, die den spärlichen Fossilienbestand einbezogen, bis zur Herausbildung einer echten Wissenschaft des Menschen durch die Anwendung der evolutionären Synthese, der Molekularbiologie und der neuen Datierungstechniken (Washburn 1982).

Die paläoanthropologische Gemeinschaft reagierte jedoch mehrheitlich negativ auf dieses erneute Vordringen der BiochemikerInnen und MolekularbiologInnen in ihr Hoheitsgebiet. Immerhin wurde zu dieser Zeit der miozäne *Ramapithecus*, dessen Fossilien 1932 in den Siwalik-Hügeln in Indien entdeckt worden waren, generell als Teil des Hominidenzweigs aufgefasst. Es wurde argumentiert, dass die Anatomie des Kiefers und der Zähne den Fund eher mit den Australopithecinen und mit *Homo* verbinde als mit der Familie der Menschenaffen. Es war daher nicht ungewöhnlich, die Trennung der Linien der Menschenaffen und der Menschen vor 30 Millionen Jahren zu vermuten. Eine Schätzung von 15 Millionen Jahren aufgrund einer Altersannahme für *Ramapithecus* von 14 Millionen Jahren kann als für diese Zeit moderat gelten. Die aus dem Labor stammenden Zahlen widersprachen also der gängigen Interpretation des Fossilienbestands, und es herrschte großes Misstrauen gegenüber der Idee einer regelmäßigen Evolution von Molekülen.

Zwei neue Einsichten, eine aus der Paläoanthropologie und eine aus der Molekularbiologie, kamen der Hypothese von Sarich und Wilson zu Hilfe. Man entdeckte zwei Gesichter von *Sivapithecus*, die zeigten, dass der *Sivapithecus* ein naher Verwandter des modernen Orang-Utans war. Dies wiederum schien den mit *Sivapithecus* eng verwandten *Ramapithecus* als Hominiden zu disqualifizieren. Zweitens wurde die Technik der DNA-Hybridisierung, die den Grad der allgemeinen Ähnlichkeit zwischen DNA-Molekülen unterschiedlicher Herkunft aufzeigt, auf Menschenaffen und Menschen angewendet. Diese Analyse wies auf eine Trennung der beiden Linien vor etwa sieben bis neun Millionen Jahren hin und zudem darauf, dass Schimpansen näher mit den Menschen verwandt sind als beide mit dem Gorilla (Lewin 1997 [1987]: Kap. 5–6). An dieser Stelle müsste ich wohl beginnen, nicht mehr von *Hominiden*, sondern von *Homininen* zu sprechen. Ein Großteil der heutigen AnthropologInnen klassifiziert die lebenden und fossilen Vertreter von *Homo* und die ihm exklusiven Vorfahren gemeinsam mit den lebenden und fossilen afrikanischen Menschenaffenartigen insgesamt als *Hominidae* und fasst *Homo* und Vorfahren als den spezifischen Tribus der *Hominini*. Wie es bereits Goodman vorgeschlagen hatte, verbleiben in der Familie der *Pongidae* damit lediglich die Orang-Utans. Es herrscht aber bis heute keine Einigkeit darüber, wie die ›Menschenaffen‹ und ›Menschen‹ auf die Taxa zu verteilen sind, und ich behalte um der Klarheit willen meine bisherigen Bezeichnungen bei, die auch weiterhin ihre VertreterInnen haben (z.B. Ian Tattersall).

Wichtig ist in unserem Zusammenhang, dass sich in der Anthropologie der 1980er Jahre eine Wende abzeichnete, die zu neuen Verhältnissen zwischen den Disziplinen führen würde, was ich im Folgenden am Beispiel der Anwendung der genetischen Anthropologie auf die Evolutionsgeschichte des modernen Menschen betrachten möchte. Bereits in den 1960er Jahren hatte der italienische Populationsgenetiker Luigi Luca Cavalli-Sforza die Bezüge zwischen Migrationsmustern und der Verteilung der Blutgruppen beim Menschen untersucht und sich an der Entwicklung statistischer und computertechnischer Verfahren für die Herstellung von Stammbäumen aus solchen Daten beteiligt (z.B. Cavalli-Sforza/Edwards 1965). Es war auch Cavalli-Sforzas Team an der Stanford University, das Anfang der 1980er Jahre den ersten molekularen Stammbaum lebender Menschen auf der Grundlage von Sequenzanalysen mitochondrialer DNA (mtDNA) publizierte. Sie taten dies mithilfe von Restriktionsenzymen, die DNA an hoch spezifischen Sequenzstellen zerschneiden. Lässt man solche Enzyme auf homologe DNA verschiedener SpenderInnen los, so resultieren Segmente unterschiedlicher Länge, falls Mutationen in den von ihnen erkannten Sequenzen vorliegen. Damit ließ sich menschliche DNA auf der Sequenzebene vergleichen (Restriction Fragment Length Polymorphisms, RFLPs) (Sommer 2015).

Wilsons Labor in Berkeley überholte Cavalli-Sforza allerdings in der mtDNA-Forschung, die es ermöglichen sollte, die Differenzierungsgeschichte des modernen Menschen zu rekonstruieren. Wie wir bereits im Fall der Satelliten-DNA gesehen haben, waren dazu DNA-Regionen nötig, die eine ausreichend hohe Mutationsrate aufweisen, um als Träger dieser jungen Geschichte zu wirken. Bei diesem neu in die Anthropologie eingeführten Objekt handelte es sich um einen einzelnen, ringförmigen DNA-Strang außerhalb des Zellkerns. Die Genetikerin Rebecca Cann, die in die bahnbrechende Forschung von Wilsons Team mit mtDNA involviert war, schrieb dieser eine größere Aussagekraft zu als traditionellen Objekten der morphologischen Untersuchung, aber auch als der Zellkern-DNA und den Proteinen. Während man bei Fossilfunden nicht wissen könne, ob die Menschen, von denen sie stammen, überhaupt Nachkommen hatten, bestehe eine hundertprozentige Sicherheit, dass die Gene in den heute lebenden Menschen von Vorfahren kommen (Cann 1988: 127). Spezifisch mtDNA erschien aufgrund von drei Tugenden, die ihr zugeschrieben wurden, als das perfekte epistemische Objekt zur Erforschung der menschlichen Evolution: Ihre Analyse gestaltet sich relativ einfach; sie weist eine hohe Mutationsrate auf; und sie wird nur über die mütterliche Linie vererbt und ist daher von den Komplikationen der genetischen Rekombination in der geschlechtlichen Fortpflanzung nicht betroffen.

Cann, Mark Stoneking und Wilson hatten anhand von RFLPs die mtDNA von etwa 150 Menschen verglichen, die als VertreterInnen der afrikanischen, asiatischen, australischen, kaukasischen und neuguineischen Populationen dienten. Auf der Grundlage der entdeckten Unterschiede erstellten sie einen Stammbaum, der zuerst in *Nature* publiziert wurde (Cann/Stoneking/Wilson 1987). Aber über den Stammbaum hinaus schien die Analyse auch ein Szenario der Evolution des modernen Menschen nahezulegen. Unter der Annahme einer molekularen Uhr für die Evolution der mtDNA ergab sich die Schätzung, dass alle mtDNA heute lebender Menschen auf eine Frau zurückgeht, die vor etwa 200 000 Jahren in Afrika lebte. Die ›Theorie der afrikanischen Eva‹, die auf den mtDNA-Daten aufbaute, war eine Geschichte von der Herkunft, Migration und Differenzierung der Menschheit, die nicht nur vom Namen her an biblische Narrative erinnert. Dieser Theorie zufolge waren die modernen Menschen in Afrika entstanden, von wo aus sie sich vor höchstens 140 000 Jahren zu verbreiten begannen und schließlich den Globus bevölkerten. Die AuswanderInnen aus Afrika ersetzten dabei die bereits vorhandenen BewohnerInnen Asiens und Europas, wie die Neandertaler, ohne sich mit diesen zu vermischen (Stoneking/Cann 1989).

Nicht zuletzt aufgrund der mtDNA-Analysen stellten der Paläoanthropologe Chris Stringer vom Britischen Naturkundemuseum in London und der Archäologe Paul Mellars von der Universität Cambridge ihre Konferenz zum Ursprung und zur Verbreitung der modernen Menschen 1987 unter das Motto einer Revolution. Der internationale Event brachte SpezialistInnen für die Evolution des Menschen, für molekulare Genetik und Archäologie zusammen, um über Entwicklungen in der Molekularbiologie und deren Bedeutung für die Anthropologie zu diskutieren. Im Tagungsband *The Human Revolution* (1989) stellten die Herausgeber einen Boom von Vergleichen innerhalb der Menschheit fest: »in the last few years [...] this topic [has] really taken off to become (currently) one of the most central and controversial in the whole field of palaeoanthropology.« (Mellars/Stringer 1989: 1) Sowohl die spezifischen Resultate der Studie von Cann et al. als auch die generelle Behauptung, dass die Techniken der DNA-Analyse den Schlüssel zum Verständnis der Menschheitsgeschichte darstellten, wurden an der Konferenz von 1987 durch weitere vergleichende DNA-Studien an lebenden Populationen untermauert. Mit dem Buchtitel zur Konferenz ist daher sowohl die heroische Geschichte der Entstehung und des globalen Siegeszugs des modernen Menschen gemeint als auch die wissenschaftliche Revolution, »the fast-developing field of what might be termed ›palaeogenetics‹ – historical reconstruction from present-day genetic data« (ibid.: 1).

Nebst den neuen Technologien und Objekten, die den direkten Zugriff auf die in den primären Semantiden gespeicherte Geschichte des *Homo sapiens* erlaubten, war die Konferenz in Cambridge auch von neuen Allianzen geprägt. Hatten sich VertreterInnen des molekularen und des morphologischen Ansatzes bisweilen über den richtigen Stammbaum der Primaten gestritten, so fanden sich die molekularen AnthropologInnen nun auf der Seite einer Fraktion innerhalb der Paläoanthropologie und prähistorischen Archäologie wieder. Molekulare Vergleiche erhärteten die Prämissen der sogenannten *Out-of-Africa*-Hypothese der Evolution des modernen Menschen. Erstens zeigten die molekularen Studien, dass die genetische Variation innerhalb menschlicher Populationen jene zwischen Populationen übertrifft, was auf eine erst kürzlich erfolgte Differenzierung hindeutete. Diese Vermutung wurde des Weiteren durch zeitliche Berechnungen unter der Annahme einer molekularen Uhr gestützt. Schließlich legten die molekularen Studien eine Gabelung zwischen afrikanischen Populationen auf der einen und eurasischen (und afrikanischen) auf der anderen Seite nahe, die mit der Annahme von Afrika als Wiege der Menschheit vereinbar war. Vertreter der *Out-of-Africa-*

Theorie wie etwa die Herausgeber des Konferenzbandes, Mellars und Stringer, begrüßten daher die molekulare Anthropologie.

Allerdings versuchte auch die andere Fraktion innerhalb der Paläoanthropologie, die Resultate aus den molekularen Studien für ihre Theorien zu mobilisieren; und es gab gegenseitige Rassismusvorwürfe. Cann und andere WissenschaftlerInnen wie Stephen Jay Gould sahen in der Theorie der afrikanischen Eva den Beleg für die grundlegende Einheit der Menschen, weil sie klar machte, wie nahe die Menschengruppen verwandt sind. Gegner der *Out-of-Africa*-Theorie wie Milford Wolpoff bekräftigten demgegenüber, dass die Vorstellung einer längeren regionalen Entwicklung der jeweiligen Menschengruppen nicht rassistischer sei. Im Gegenteil stelle die Vorstellung eines stetigen (genetischen) Austauschs zwischen diesen Populationen ein stärkeres Fundament für die Einheit der Menschheit bereit. Das Modell einer frühen Differenzierung in unterschiedliche geografische Gruppen, die über lange Zeit nebeneinander lebten und dabei miteinander Kontakt hatten und kooperierten, ist nach Wolpoff die befriedigendere Vorgeschichte als eine wissenschaftlich aufgefrischte Geschichte von Kain und Abel, die im Wesentlichen darin bestehe, dass eine einzige Population sich rasch und wahrscheinlich gewaltsam über den Erdball verteilt und dabei alteingesessene Populationen verdrängt habe. Darin erkannte Wolpoff eine Erzählung nach dem Schema »making war and not love« (Wolpoff 1989: 98), die, wenn wahr, äußerst unangenehme Implikationen hätte.[34]

Die aktuelle multiregionale Evolutionshypothese, zu deren Vertretern Wolpoff gehört, schreibt sich in die Tradition von Weidenreichs Modell zur Evolution der ›Menschenrassen‹ ein. Auch das *Out-of-Africa*-Szenario hat seine ›Verwandten‹, wie etwa die monozentrischen Theorien der ersten Jahrzehnte des 20. Jahrhunderts, nach welchen die stratigrafische Abfolge kultureller Schichten und deren zugehörige Hominidenfossilien nicht auf eine lokale Evolution, sondern auf eine Reihe von Einwanderungs- und Verdrängungsprozessen hinwiesen. Die aktuellen BefürworterInnen der Theorie berufen sich normalerweise auf William W. Howells, der 1954 Nachfolger seines ehemaligen Lehrers Hooton als Professor für Anthropologie in Harvard wurde. Und bereits Howells hatte unter den zeitgenössischen AnthropologInnen einerseits Evolutionisten (Modell der multiregionalen Kontinuität in der modernen menschlichen Evolution) und andererseits Migrationisten identifiziert (während Elliot Smith noch früher von evolutionären versus historischen Ansätzen sprach [Elliot Smith 1924: Kap. 2 (»Primitive Man«, erstmals 1916 veröffentlicht), 111]). Während Howells das Modell eines einzigen Ursprungs des *Homo sapiens* und nachfolgender Migrationsbewegungen favorisierte, schloss er den genetischen Austausch zwischen den modernen und den lokalen archaischen Formen – oder deren Absorption – nicht aus. Damit passt seine Theorie nur bedingt als Vorläufer für extreme Versionen des Migrationsmodells, die Howells selbst – in einer weiteren Bezugnahme auf die biblische Geschichte – als *Noah's Arc Hypothesis* verspottete (Howells 1976).

Wie wir gesehen haben, sind diese Debatten verbunden mit den Meinungsverschiedenheiten zwischen den *lumpers*, die dazu tendieren, einen Stammbaum mit möglichst wenigen Gattungen und Arten zu entwickeln, und den *splitters*, die den menschlichen Stammbaum als taxonomisch vielfältiger betrachten. Weder die Frage nach Kontinuität versus Migration noch diejenige nach Linearität versus Diversität ist abschließend beantwortet – und schon gar nicht die Neandertalerfrage, die insbesondere durch die inzwischen möglich gewordene Analyse ›fossiler DNA‹ neuen Auftrieb erhalten hat. So legte die Forschungsgruppe um Svante Pääbo etwa nahe, dass sich Neandertaler und eurasische moderne Menschen doch gekreuzt hätten (Green et al. 2010).

Aber der mehr oder weniger offen ausgesprochene Rassismusvorwurf ist eine unglückliche Strategie in diesen Kontroversen. Weder damals noch heute ist entweder das Kontinuitäts- oder das Migrationsmodell a priori mehr oder weniger rassistisch oder eurozentrisch. Und beide sind generelle Rahmen, die in unterschiedlichen Kombinationsformen existier(t)en. Obwohl die Migrationsmodelle der ersten Jahrzehnte des 20. Jahrhunderts die Ausbreitung von einem Zentrum aus (wie z.B. Zentralasien) und (gewaltsame) Verdrängungen in anderen geografischen Regionen beinhalteten, tendierten sie im Gegensatz zum heutigen *Out-of-Africa*-Modell zudem dazu, von langen unabhängigen Abstammungslinien der ›Menschenrassen‹ auszugehen und diese mit einem hohen Alter des modernen menschlichen Typs zu kombinieren. Das multiregionale Modell, wie es Wolpoff und andere vorschlagen, unterscheidet sich seinerseits deutlich von den Phylogenien des 20. Jahrhunderts, die ich multiregional und multilinear genannt habe. Denn das heutige multiregionale Modell behauptet keine parallele und unabhängige Evolution der ›Menschenrassen‹ (auf der Grundlage der Orthogenese), sondern setzt einen konstanten genetischen Austausch zwischen geografischen Gruppen voraus.

3.2 Die evolutionäre Anthropologie heute

3.2.1 Synthetische Großprojekte auf der Basis der molekularen Anthropologie

Wilson, dessen Berkeley-Labor, wie wir gesehen haben, in den 1980er Jahren in der mtDNA-Forschung eine Pionierrolle eingenommen hatte, tat sich schließlich im Human Genome Diversity Project mit Cavalli-Sforza zusammen, dessen Team an der Stanford University ein weiteres Epizentrum der molekularen Anthropologie, beziehungsweise der Humanpopulationsgenetik, bildete. Cavalli-Sforza hat sich im Verlauf seiner Karriere mit großer Innovativität im Bereich der Entwicklung statistisch-informationstechnischer Methoden zur Erstellung molekularer Phylogenien der modernen Menschen hervorgetan. Und er wollte die ganz großen Bilder der menschlichen Evolution malen. Das Human Genome Diversity Project, das er 1991 federführend ausrief, erscheint bei genauer Betrachtung als die logische Folge seines langjährigen Schaffens.

Einen Meilenstein dieses Schaffens bedeutete das als Gemeinschaftswerk entstandene Buch *The History and Geography of Human Genes* (Cavalli-Sforza/Menozzi/Piazza 1994). Es erschien zwar nach dem Aufruf zum Human Genome Diversity Project; die Arbeit, deren Resultate in das Buch mündeten, hatte aber fast fünfzehn Jahre zuvor begonnen. Cavalli-Sforza und seine italienischen Kollegen Alberto Piazza und Paolo Menozzi rekonstruierten die Differenzierungs- und Migrationsgeschichte der Menschheit. Hierfür integrierten sie das Wissen aus unterschiedlichen Disziplinen. Im Zentrum stand die vergleichende Analyse von Genhäufigkeiten in Populationen, von denen angenommen wurde, dass sich ihre Genpools seit der Steinzeit am wenigsten verändert hätten: sogenannt indigene oder isolierte Populationen. Cavalli-Sforza vertrat die Ansicht, dass sich solche Populationen am besten anhand einer gemeinsamen Sprache identifizieren und abgrenzen ließen. Es wurde davon ausgegangen, dass sich deren Mitglieder zu einem großen Teil untereinander fortpflanzen. Dank der Arbeit an der globalen Klassifikation von Sprachen, die Cavalli-Sforzas Kollegen Joseph Greenberg und Merritt Ruhlen an der Stanford University leisteten, verfügten die Autoren von *History and Geography* über ein Inventar und einen weltweiten Atlas von so verstandenen Populationen. Des Weiteren wurde davon ausgegangen, dass alle Sprachen der Welt auf einen einzigen Ursprung zurückgingen und dass sie sich parallel zur genetischen Evolution entwickelt hätten, sodass der populationsgenetische und der sprachliche Stammbaum weitgehend übereinstimmen würden.

Weit über diesen Rückgriff auf die Sprachwissenschaft hinaus wurde die Analyse genetischer Daten mit Wissen aus der Linguistik, Archäologie und (Paläo-)Anthropologie sowie über die Klima-, Umwelt- und Menschheitsgeschichte zusammengeführt. Um Aufspaltungs- und Migrationsereignisse zu datieren, wurden die genetischen Distanzen zwischen Populationen mit archäologischen Daten zur erstmaligen Besiedlung der verschiedenen Kontinente abgeglichen, und archäologische Ausgrabungsstätten lieferten weitere wichtige Informationen zur Datierung und Verortung von Bewegungen. So arbeiteten Cavalli-Sforza und seine Kollegen an einer globalen genetischen Kartierung. Sie rekonstruierten die großen Wanderungen, die nach ihrem Verständnis jeweils durch Populationswachstum und technologische Innovationen in Gang gesetzt worden waren. Am Beginn des Weges aus Afrika stand die erste Sprache im eigentlichen Sinn, und am Ende der Altsteinzeit löste das Aufkommen der Landwirtschaft die Expansion der SprecherInnen des Indoeuropäischen nach Europa aus.

Aus der mühevollen und komplizierten Verarbeitung diverser Arten von Daten ergab sich das Bild einer Reise, die eine Verfeinerung und Erweiterung der Theorie der afrikanischen Eva darstellte und in ihren wesentlichen Punkten wieder und wieder wie folgt geschildert werden sollte: Die modernen Menschen verließen vor etwa 100 000 Jahren Afrika und begannen sich über den Mittleren Osten auf dem ganzen Globus auszubreiten. Ein Zweig zog der Südküste Asiens entlang bis nach Australien (vor mehr als 40 000 Jahren); ein weiterer wanderte durch Zentralasien (womöglich vor etwa 60 000 Jahren) und von dort aus nach Südasien, Europa (vor ca. 35 000 Jahren) sowie in die Neue Welt (vor zwischen 35 000 und 15 000 Jahren). Im Anschluss an diese Überblicksdarstellung beschrieben Cavalli-Sforza, Piazza und Menozzi in *History and Geography* die detaillierteren multidisziplinären Geschichtsrekonstruktionen für Afrika, Asien, Europa und den amerikanischen Doppelkontinent sowie für Australien, Neuguinea und die Pazifikinseln.

Cavalli-Sforzas Populationsgenetik ist insbesondere von kulturanthropologischer Seite dafür kritisiert worden, dass Populationen im biologischen Sinn anhand von Sprachen und anderen kulturellen Merkmalen identifiziert wurden, aber auch dafür, dass indigene Gesellschaften, deren Identität in vielen Fällen durch koloniale Praktiken geformt wurde, als monolithische und ahistorische Entitäten aufgefasst wurden (von denen man auf die Menschheit vor 1492 schließen zu können glaubte). Weitere Einwände betreffen das Verhältnis zwischen den Disziplinen (z.B. MacEachern 2000). Cavalli-Sforza betonte die Notwendigkeit der Berücksichtigung verschiedener Ansätze, die sich unter anderem daraus ergebe, dass historisches Wissen ein größeres Ausmaß an Unsicherheit beinhalte als nicht-historische Methoden in der Mathematik, Physik, Chemie und Biologie. Die gegenseitige Kompatibilität der Forschungsresultate war daher besonders relevant. Damit war nicht notwendigerweise eine Zusammenarbeit zwischen ExpertInnen verbunden. Es genügte meist, die Resultate aus anderen (Sub-)Disziplinen einzubeziehen. Cavalli-Sforzas wissenschaftliche BiografInnen legten gar nahe, dass er die ›zwei Kulturen‹ für inkommensurabel hielt: »In terms of theory, cultural anthropology is and always has been in flux. Unlike the hard science of genetics (and also less like the subdisciplines of archaeology and physical anthropology), it does not appear to make cumulative advances in the collection of data or the understanding of its subject – culture – but rather reflects intellectual trends and fashions in the broader humanities.« (Stone/Lurquin 2005: 18)

Tatsächlich hatte sich die kulturelle Anthropologie im Zuge der von Claude Lévi-Strauss und Clifford Geertz vollzogenen Wenden und mit dem Postmodernismus sowie den politischen Erfahrungen der Bürgerrechtsbewegungen, des Feminismus und der Entkolonialisierung neu erfunden. Die Resultate einer solchen Kulturanthropologie taugten nicht zur Integration in eine gesamtheitliche große Erzählung der Geschichte des modernen Menschen auf der Basis genetischer Forschung. Diesem ›Missstand‹ wollte Cavalli-Sforza zusammen mit seinem Stanford-Kollegen Marcus Feldman abhelfen. Die beiden entwickelten eine Theorie kultureller Evolution, die eine Quantifizierung von Entwicklungsprozessen und die Akkumulation von Wissen in der Kulturanthropologie ermöglichen sollte. Cavalli-Sforzas und Feldmans *Cultural Transmission and Evolution: A Quantitative Approach* von 1981 ist voller Gleichungen, welche das Bestreben verdeutlichen, die von Fisher und weiteren Pionieren wie Wright und Haldane entwickelten Methoden der mathematischen Populationsgenetik für die Beschreibung kultureller Überlieferung und kulturellen Wandels nutzbar zu machen.

Während Huxley mit *mentifacts* oder *memoids* gearbeitet hatte und Dawkins mittlerweile die Bezeichnung *memes* für die kulturellen Entitäten geprägt hatte, führten die Populationsgenetiker Cavalli-Sforza und Feldman den Begriff der *second-order organisms* ein. Zu diesen gehören alle kulturellen Objekte, von Kunst über Technologie bis Unterhaltung und von Sprachen bis hin zu Glaubensvorstellungen, Überzeugungen und Werten, welche vollständig von Organismen erster Ordnung abhängig sind (also von kulturellen Tieren wie den Menschen). Die Konzepte aus der biologischen Evolution wurden auf diese zweite Ordnung übertragen, wobei die kulturelle Evolution indirekt von den biologischen Prozessen beeinflusst blieb, die auf die Organismen erster Ordnung einwirkten. Auf der kulturellen Ebene würden Veränderungen in den Eigenschaften von Organismen zweiter Ordnung unbeabsichtigt durch Kopierfehler auftreten oder es würden durch Zufallsentdeckungen neue entstehen (analog zu den Mutationen in Genen). Ein wichtiger Unterschied zur biologischen Evolution bestehe aber darin, dass diese auch bewusst herbeigeführt werden könnten, indem auf ein Problem mit Innovation reagiert wird. Im Anschluss würden sich neue oder veränderte Entitäten in unterschiedlichem Ausmaß räumlich ausbreiten und über Generationen hinweg weitergegeben werden (sodass sie in unterschiedlichen Häufungen und Ausprägungen gleichzeitig existieren würden, wie die Allele eines Gens). Dabei würden die Art der Kommunikation (z.B. zwischen oder innerhalb von Generationen) sowie Selektionsprozesse und ›Drift‹ eine Rolle spielen.

AnthropologInnen reagierten, wenn überhaupt, eher gereizt auf die Cavalli-Sforza/Feldman-Theorie der kulturellen Evolution. Abgesehen davon, dass Cavalli-Sforza die kulturelle Anthropologie auf ihren Platz verwies und ihre theoretische Reflexivität herablassend behandelte, wurde die Cavalli-Sforza/Feldman-Theorie als reduktionistisch qualifiziert; sie schien Kultur über das genetische System zu beschreiben. Auf Kritik stieß auch das groß angelegte Vorgehen über sämtliche Kulturen hinweg auf Basis mathematisch-naturwissenschaftlichen Theoretisierens. Mit ihrer eher naturwissenschaftskritischen und anti-kulturevolutionären Haltung stand die amerikanische Kulturanthropologie in ihrer Ausprägung einer kritischen Anthropologie in den 1980er Jahren den biologistischen Ansätzen diametral gegenüber. Interessanterweise war aber auch der Versuch von Cavalli-Sforza und Feldman, die Funktionsweise der kulturellen Evolution und deren Verhältnis zur biologischen zu verstehen, eine Reaktion auf wieder vermehrt vernehmbare Behauptungen wie jene des oben behandelten Berkeley-Psychologen Jensen, wonach das biologische Erbe grundlegend für gesellschaftliche Strukturen und kulturelles Potenzial sei.

Cavalli-Sforza erkannte wie zuvor Huxley im Aufkommen von Sprache und begrifflichem Denken einen wesentlichen Umbruch – von einer hauptsächlich biologischen zu einer überwiegend kulturellen Entwicklung. Er ging zwar davon aus, dass sich kulturelle Prozesse mit den für die biologische Evolution entwickelten Mitteln fassen ließen, doch ihr Substrat ist für ihn nicht das genetische Programm, sondern die in hohem Ausmaß plastische neuronale Struktur. Während in gewissen Koevolutionstheorien der Soziobiologie und der evolutionären Psychologie davon ausgegangen wird, dass adaptive Komplexe, die auf Anpassungen an die Lebensbedingungen in der Altsteinzeit durch natürliche Selektion zurückgehen, im Verhalten heutiger Menschen immer noch eine Rolle spielen, scheint Cavalli-Sforza umgekehrt gedacht zu haben: Kultur beeinflusst die genetische Entwicklung. Wie im Denken von Dobzhansky und Simpson erscheint die Kultur hier eher als diejenige Umwelt, in der sich Merkmale beim Menschen als adaptiv bewähren müssen. Cavalli-Sforza präsentierte zum Beispiel die rasche Verbreitung genetisch bedingter Laktosetoleranz als die Folge der Umstellung auf eine milchreiche Ernährung.

Schließlich bewertete Cavalli-Sforza, wiederum wie bereits Huxley und andere Vertreter seiner Generation, die menschliche Vielfalt positiv und er hoffte, dass diese Variation für den Fortschritt der Menschheit zum Tragen gebracht würde, indem jedes Individuum denjenigen Platz in Gesellschaften einnehmen würde, für den es aufgrund seiner Natur/Kultur optimal geeignet ist. In der idealen Demokratie wäre jeder und jede frei, seine oder ihre Persönlichkeit vollumfänglich zu entfalten, solange dies nicht die generelle Zufriedenheit beeinträchtigt. Dieses Prinzip einer Gesellschaft, die auf das Ziel der maximalen Entfaltung ihrer Mitglieder ausgerichtet ist, hatten Walter Bodmer und Cavalli-Sforza bereits in den 1970er Jahren als »equimaximation« bezeichnet (Bodmer/Cavalli-Sforza 1976: 704; auch L.L. Cavalli-Sforza/F. Cavalli-Sforza 2000 [1997]: 325–331; 2005: Kap. 15; Sommer 2014).

Dennoch: Obwohl Cavalli-Sforza sich selbst als Synthetiker präsentiert, der die Integration von Genetik, Computerwissenschaft, Linguistik, kultureller und biologischer Anthropologie, Archäologie und Geschichtswissenschaft anstrebt, ist sein Werk von VertreterInnen anderer Fachrichtungen oftmals als Versuch aufgefasst worden, die biokulturelle Evolutionsgeschichte der Menschheit auf der Grundlage der molekularen und theoretischen Populationsgenetik zu schreiben, beziehungsweise sie darauf zu reduzieren. In Cavalli-Sforzas Haltung spiegelte sich jene Auffassung einiger früher molekularer AnthropologInnen, die das Gen als das epistemisch gehaltvollste Objekt und die Techniken zu dessen Analyse als per se objektiv auffassten. Und auch Cavalli-Sforza verband die Objektivität der statistischen und genetischen Verfahren mit der Annahme eines politisch neutralen

Wissens. Diese und andere Vorstellungen, die Cavalli-Sforzas globale molekulare Anthropologie kennzeichneten, sowie die damit einhergehenden interdisziplinären Auseinandersetzungen charakterisierten auch das Human Genome Diversity Project, welches die Arbeit, wie sie in *History and Geography of Human Genes* präsentiert wurde, fortsetzen sollte. Es sollte die neuen Technologien, die in der zweiten Hälfte der 1980er Jahre verfügbar geworden waren, in der groß angelegten Analyse der genetischen Variabilität der Menschheit in einer konzertierten Art und Weise für die molekulare Anthropologie fruchtbar machen.

Die Ermächtigung der molekularen Ansätze hatte durch die Fortschritte in Automatisierung, Informationstechnologie und Sequenzierungsmethoden, die bei dem Rennen zwischen privater und öffentlicher Forschung im Zuge des Humangenomprojekts vorangetrieben worden waren, einen Höhepunkt erreicht. Diese Entwicklung machte das Human Genome Diversity Project (HDGP) möglich, das nun nicht auf das generische menschliche Genom ausgerichtet war, sondern die genetischen Unterschiede zwischen menschlichen Populationen ergründen sollte. Das HGDP sollte es den WissenschaftlerInnen ermöglichen, die Geschichte der Migrationen anhand der Daten zur genetischen Variation zwischen indigenen Populationen weltweit, welche in Datenbanken gespeichert und über diese geteilt würden, zu erschließen. Sie könnten zum Beispiel die indoeuropäische Expansion in Europa untersuchen oder die Bevölkerungswanderungen, die auf maßgebliche kulturelle Innovationen wie die Domestikation von Pflanzen und Tieren gefolgt waren. Sie könnten weiter Cavalli-Sforzas Forschungsagenda folgen, indem sie durch die Untersuchung der Genetik sprachlich isolierter Gruppen sowie der relativen Bedeutung von Drift, Selektion und Vermischung die Frage angehen würden, inwieweit kulturelle Evolution parallel zur genetischen Evolution verläuft.[35]

Die Inspiration für das Projekt kam von Bodmer, der mit Cavalli-Sforza für *The Genetics of Human Populations* (1971) und *Genetics, Evolution and Man* (1976) zusammengearbeitet hatte. 1991 veröffentlichten Bodmer, der Präsident der Human Genome Organisation war, Cavalli-Sforza und weitere den Aufruf zum HGDP (Cavalli-Sforza et al. 1991). Bis zu seinem unerwarteten Tod an Leukämie im selben Jahr amtete Wilson als Ko-Direktor von Cavalli-Sforza. Jenny Reardon hat gezeigt, dass keine AnthropologInnen an der Konzeption des Projekts beteiligt waren, obwohl Mark Weiss, Direktor des Physical Anthropology Program der National Science Foundation (NSF), die Beteiligung des Feldes, das er vertrat, als wesentlich für das HGDP ansah. Er betrachtete die Expertise von physischen AnthropologInnen in Bezug auf die menschliche Diversität als entscheidend und sah in ihrem Einbezug auch eine Vorsichtsmaßnahme dagegen, Menschengruppen auf Genpools zu reduzieren. In den 1990er Jahren machten viele physische AnthropologInnen Gebrauch von genetischen Methoden – Genetik war in den 1970er und 1980er Jahren Bestandteil anthropologischer Lehrpläne geworden –, und manche waren der Meinung, dass eigentlich sie das HGDP führen sollten, da sie Kenntnisse in biologischer wie auch in kultureller Analyse besäßen. Weiss traf sich mit den OrganisatorInnen des HGDP, und sie beantragten bei der NSF, dem National Institute of Health und dem Department of Energy Mittel für Planungs-Workshops und für eine Konferenz. Im Rahmen des Workshops zu Strategien für die Probengewinnung, bei dem kulturelle und biologische AnthropologInnen und ArchäologInnen anwesend waren, wurde entschieden, dass die Sammlung der Blutproben von AnthropologInnen durchgeführt werden sollte, die die betreffenden Gruppen kannten, und dass dabei auch sprachliche, soziale und gesundheitliche Daten erhoben werden sollten.

Manche AnthropologInnen hatten jedoch den Eindruck, dass ihre Rolle von vornherein als untergeordnet konzipiert war, dass sie nur die Daten zusammentragen sollten, die dann von den ›wahren WissenschaftlerInnen‹ ausgewertet würden. Die Anfrage nach Hilfe bei der Probengewinnung verstärkte eher den Eindruck, dass kulturelles Wissen lediglich dazu dienen sollte, die Gruppen mit den ›historisch informativsten‹ Genen zu identifizieren und deren Teilnahme zu sichern. Manche fürchteten, dass diese Herangehensweise Biologie, Sprache und Kultur vermengen würde. In einem gewissen Sinn schien das Projekt Geschichte auch eher zu tilgen als zu rekonstruieren, zumal es auf Gruppen fokussierte, die als ›nicht von der europäischen Expansion verunreinigt‹ aufgefasst wurden. Das HGDP erschien durch die Art und Weise, wie es nicht-westliche Menschen in klar abgegrenzte ›Stämme‹ klassifizierte, die in der Vergangenheit stehen geblieben seien, als Fortsetzung der Anthropologie des 19. Jahrhunderts im Dienste des Kolonialismus. KulturanthropologInnen lehnten die ›Serviceleistung‹ somit zum Teil wegen der Rolle ab, die die Anthropologie im Dienste von Imperialismus und Kolonialismus in der Vergangenheit gespielt hatte (Reardon 2005: Kap. 4).

Demgegenüber sahen die InitiatorInnen des ersten *Big-Science*-Projekts zur genetischen Anthropologie darin einen Beitrag zur Bekämpfung von Rassismus und von Ungleichheit; Cavalli-Sforza hatte in seinem Werk durchgehend betont, dass die genetischen Unterschiede zwischen Populationen kleiner sind als die Variabilität innerhalb einer Population, dass die Verteilung der genetischen Variation keine scharf umrissenen Gruppen aufzeigt (sondern Klinen bildet) und dass die Häufigkeitsverteilung von Merkmal zu Merkmal variiert. Zunehmend kam das Argument hinzu, dass das Untersuchungsobjekt nichts über das Trägerindividuum aussage. Denn die Unterschiede, auf die sich die

PopulationsgenetikerInnen immer mehr konzentrierten, hätten zumeist keine phänotypische Wirkung und seien daher weit entfernt von den alten ›Rassemerkmalen‹, die äußerlich ablesbar schienen und zudem mit Temperament oder Intelligenz korreliert worden waren. Die neuen genetischen Marker – Zuckerkandls kryptische Mutationen – verwiesen eben gerade nicht auf körperliche Merkmale; sie waren ›reine Geschichte‹ (Sommer, z.B. 2008a; 2010d).

Dieses bereits weiter oben skizzierte Verständnis einer objektiven und neutralen Wissenschaft führte seinerseits zu Problemen. In den Augen gewisser indigener Gruppen war das HGDP ein Akt der Biopiraterie, ein Versuch rassistischer Ausbeutung, der an die Anthropologie im kolonialen Kontext erinnerte. Die Situierung in den Erfahrungen mit einer kolonialen Wissenschaft lag auch darin begründet, dass indigene Gruppen – oder besser deren Genpools – im Projekt als historische Dokumente verstanden wurden, die in der evolutionären Vergangenheit verharrten. Bereits im Aufruf zum HGDP hatten die InitiatorInnen des Projekts die genetische Vielfalt der Menschheit als ein bedrohtes Erbe stilisiert. Im Zuge der zunehmenden reproduktiven Durchmischung der Menschen würden die in den Genomen Indigener enthaltenen Spuren historischer Differenzierungs- und Wanderungsprozesse verwischt. Diese Populationen waren die Untersuchungsobjekte und nicht die Forschungssubjekte. Ihre Vertretung und Mitsprache war im Projektdesign anfangs nicht vorgesehen, und so befürchteten First Nation Peoples, ihre Souveränität könnte unterlaufen werden. Das Projekt schien nicht um ihre Zukunft besorgt, sondern allein an einem Nutzen für die westliche Wissenschaft und Wirtschaft interessiert. Selbstverständlich hatten AnthropologInnen schon seit Jahrzehnten Blutproben von ›isolierten Populationen‹ gesammelt. Aber es war das groß angelegte HGDP, das solche Praktiken auf den Radar der Weltöffentlichkeit brachte, wurde es doch in einer Zeit lanciert, in der indigene Gruppen besser organisiert waren und ihre Interessen etwa durch den World Council of Indigenous Peoples vertreten wurden (z.B. Haraway 1996: 352–355; Marks 2001: 368–377; Reardon 2001).

Die Probleme des HGDP haben den Aufstieg der genetischen Anthropologie aber kaum gebremst. Und das Projekt selbst begann 2002 Früchte zu tragen, als die ersten DNA-Proben zur Untersuchung an Laboratorien versandt werden konnten. Zwei Jahrzehnte nach Beginn bestand das HGD-Panel aus einer Kollektion an Lymphozytenzelllinien von über 1000 anonymisierten SpenderInnen aus 52 ethnischen Gruppen auf fünf Kontinenten. Überdies sind seit der Ausrufung des HGDP zahlreiche kleinere und ehrgeizige genetische Projekte zur Menschheitsgeschichte und zu ethnischer und nationaler Herkunft und Identität durchgeführt worden. Dieses Spektrum reicht von regional orientierten und universitätsbasierten Studien bis zu internationalen und globalen Projekten, die öffentlich und/oder privatwirtschaftlich getragen werden. Nach wie vor fokussieren die Projekte hauptsächlich auf Menschengruppen, die aufgrund kultureller oder geografischer Isolation auch als genetisch isolierter gelten denn stark durchmischte, hoch industrialisierte und städtische Gesellschaften. Die Evolutionsgeschichte des Menschen insgesamt und die frühe Bevölkerungsgeschichte Asiens, Australiens und Amerikas sowie die Bewegungen innerhalb Afrikas wurden mittels der genetischen Analyse sogenannter indigener Völker untersucht. Sogar die heutigen EuropäerInnen sind auf genetische Gründerpopulationen zurückgeführt worden. Aufgrund der Annahme kulturell bedingter Isolation haben insbesondere die jüdische Diaspora sowie die Populationsgenetik Indiens und deren Korrelation mit dem Kastensystem viel Aufmerksamkeit erhalten. Aber auch etwa die Herkunft und Zusammensetzung der

Bevölkerungen in den jüngeren südosteuropäischen Staaten hat aufgrund der politischen Entwicklungen das Interesse der Forschung auf sich gezogen (z.B. Olson 2002; Sommer/Krüger 2011).

Für solche Studien steht heute eine Vielzahl von Technologien und genetischen Markern zur Verfügung. Tatsächlich hatte die Analyse in *The History and Geography of Human Genes* (Cavalli-Sforza/Menozzi/Piazza 1994) noch weitgehend auf klassischen Markern basiert, nicht auf Untersuchungen der DNA-Sequenz. Das HGDP sollte daher, neben der Arbeit mit klassischen Markern und den neueren autosomalen und mtDNA-Systemen, gerade auch das Y-chromosomale System weiterentwickeln. Anfang der 1990er Jahre begann Cavalli-Sforzas Team an der Stanford University, sich auf die Forschung am Y-Chromosom zu konzentrieren. Auf der Basis eines neuen Verfahrens identifizierten sie zahlreiche Y-chromosomale Marker. Dabei handelt es sich um Einzelnukleotid-Polymorphismen oder SNPs (Single Nucleotide Polymorphisms), wobei die in Stanford entdeckten mit einem *M* markiert wurden. Anhand solcher Varianten von Y-Chromosomenabschnitten, die sich in nur einem Baustein der DNA-Kette unterscheiden, beschrieben sie Haplotypen (haploide Genotypen).

Haplotypen sind miteinander in Verbindung stehende DNA-Sequenzen, die durch bestimmte Mutationsmuster definiert sind; sie werden zu Haplogruppen zusammengefasst. Solche Haplogruppen kommen heute in verschiedenen Populationen mit unterschiedlicher Häufigkeit vor und werden daher genutzt, um Stammbäume aufzustellen und Populationsgeschichten zu rekonstruieren. Eine Haplogruppe kann auch als die Gesamtheit der Nachkommen eines einzelnen Individuums verstanden werden, das als Erstes einen bestimmten SNP aufwies. Alltagssprachlich sind Haplogruppen somit Äste des menschlichen Stammbaums. Da das Y-Chromosom ausschließlich vom Vater an den Sohn weitergegeben wird, bezeichnen Haplogruppen des Y-Chromosoms weltweite Patrilinien. Sie stellen Beziehungen zwischen männlichen Molekülen her, die für Verwandtschaft zwischen Populationen stehen. Sie werden auch herangezogen, um vorgeschichtliche und geschichtliche Migrationsbewegungen nachzuverfolgen. Diesbezüglich hat die Forschung an den Haplogruppen des Y-Chromosoms die *Out-of-Africa*-Theorie der menschlichen Evolution, wie sie aufgrund von mtDNA-Haplogruppenforschung erweitert wurde, bestätigt. Sie hat die Y-Chromosomen sämtlicher lebenden Männer auf ein ursprüngliches Y-Chromosom zurückgeführt – beziehungsweise auf einen hypothetischen Träger des hypothetischen Ursprungs-Y-Chromosoms in Afrika: auf den ›Adam des Y-Chromosoms‹.

Um das Y-Chromosom hat sich ein regelrechter Hype entwickelt. Dazu hat maßgeblich das jüngste Großprojekt der genetischen Anthropologie beigetragen, in dessen Rahmen die über das männliche Geschlechtschromosom rekonstruierten männlichen Ahnenlinien popularisiert wurden (sowie in geringerem Ausmaß die mtDNA-Ahnenlinien). Dieses sogenannte Genographic Project verweist auch auf die Vermarktung des Y-chromosomalen Systems sowie der genetischen Abstammungsforschung allgemein. Es wird von der National Geographic Society, IBM und der Waitt Family Foundation getragen und besteht aus drei Teilen: Erstens dient es dem Ziel, DNA von indigenen, eben sogenannten isolierten Populationen auf der ganzen Welt in repräsentativer Zahl zu sammeln und durch deren vergleichende Analyse die Geschichte der gesamten Menschheit zu rekonstruieren. Zweitens hat das Projekt einen kommerziellen Teil. Durch eine starke Medienpräsenz und einen aufwändigen Webauftritt sowie mit populären Büchern und Dokumentarfilmen werden die Aufmerksamkeit und das Interesse der ›industrialisierten‹ Bevölkerungen geweckt, und diese werden aufgefordert, gegen Bezahlung die eigene DNA analysieren und in den menschlichen Stammbaum einordnen zu lassen. Mit diesem Geld soll drittens neben der Forschung auch das Überleben indigener Kulturen – oder etwas polemisch ausgedrückt ›unseres‹ genetischen und kulturellen Erbes – gesichert werden. Trotz seines Charakters eines Megaprojekts trägt auch das Genographic Project noch die Spuren der Geschichte der molekularen Anthropologie, wie sie sich seit den 1960er Jahren entwickelt hat; und es verbindet die traditionelle populäre Geografie mit der massenmedialen Verbreitung – eine Verbindung, für welche die National Geographic Society steht.

Die DNA von KundInnen, die das Set des Genographic Project kaufen, wird von Family Tree DNA analysiert, einem Unternehmen für genetische Abstammungstests, welches seinen Hauptsitz in Houston hat und die Arizona Research Labs an der University of Arizona nutzt. Über Family Tree DNA ist das Genographic Project auch mit dem Unternehmen AfricanDNA.com und der Schweizer Firma iGENEA verbunden. Es steht somit für eine neue globalisierte Konstellation aus Forschung, Markt und Identitätspolitik. Das Labor von Michael Hammer an der University of Arizona führt nicht nur die Tests für die von Family Tree DNA (bei der Michael Hammer Chefwissenschaftler ist) angebotenen Dienstleistungen und für das Genographic Project durch, sondern auch für AfricanDNA.com und für iGENEA, und das Geld für diese Laboranalysen kommt Hammers wissenschaftlicher Forschung zugute. Alle diese Unternehmen arbeiten mit Y-Chromosomen- und mtDNA-Tests. Die Technologien werden dabei allerdings auf unterschiedliche Märkte zugeschnitten. Family Tree DNA genießt besonders großes Ansehen bei Familien-GenealogInnen im traditionellen Sinn – Menschen, die sich mit ihrem Familienstammbaum befassen und nicht in erster Linie mit ihrem Platz in einer globalen Menschheitsgeschichte.

Und diese große amerikanische Sehnsucht ist wiederum besonders ausgeprägt in jüdischen Gemeinschaften. Als Folge davon betreibt Family Tree DNA eigene Forschung, um genetische Marker ausfindig zu machen, die für die Bestimmung familiärer Verwandtschaft nützlich sind, und die im Besitz der Firma befindliche größte kommerzielle genetische Datenbank enthält besonders viel genetische Information von JüdInnen (Sommer 2010d; Abu El-Haj 2012: 145–151).

Family Tree DNA bietet sogenannte »Walk Through the Y«-Projekte an. Wenn Kunden derselben Haplogruppe neue Marker entdecken möchten, um ihren Stammbaum zu verfeinern, sequenziert das Unternehmen gegen Bezahlung eine sehr große Region ihres Y-Chromosoms. Auf diese Weise leisten Kunden als ›Bürger-Wissenschaftler‹ ihren eigenen Beitrag zur genetischen Anthropologie. Allgemein organisieren sich EnthusiastInnen der genetischen Ahnenforschung und insbesondere des Y-Chromosoms in Gruppen nach ihren genetischen Abstammungslinien, ihren Haplogruppen also, und tauschen Informationen, werten wissenschaftliche Daten aus und wenden sich an WissenschaftlerInnen im Rahmen des Projekts, ihren Stammbaum online zu vervollständigen.[36] Das am stärksten koordinierte Unterfangen dieser Art ist die International Society of Genetic Genealogy, eine Non-Profit-Organisation, die von ihren Mitgliedern geführt wird, welche versuchen, die Y-chromosomalen Stammbäume aktuell zu halten. Indem sie auch Informationen beisteuern, die aus persönlichen Abstammungstests hervorgegangen sind, machen sie diese ansonsten unzugänglichen Daten für ForscherInnen verfügbar, die an Universitäten oder anderen unabhängigen Instituten arbeiten. Somit schließt sich der Kreis des Wissenstransfers, und WissenschaftlerInnen können diese Informationen für ihre Forschung nutzen.

Während Family Tree DNA also insbesondere auf Familiengenealogie ausgerichtet ist, gibt iGENEA beim Kauf einer unterschiedlich genauen und kombinierten Sequenzanalyse von mtDNA und/oder dem Y-Chromosom neben der Haplogruppen-Zugehörigkeit (Vorgeschichte) auch ein ›Urvolk‹ (Antike, 900 v. bis 900 n. Chr.) und eine ›Ursprungsregion‹ (Mittelalter, 11. bis 13. Jh.) an. Diese Zuordnung ist die Spezialität von iGENEA und für den europäischen Markt entwickelt worden. Dabei wird eine mögliche Abstammung von den ›Kelten, Germanen, Slawen, Illyrern, Skythen, Turkvölkern, Makedoniern, Basken, Wikingern‹ etc. festgestellt. Die amerikanische Partnerin von Family Tree DNA, AfricanDNA.com, spricht schließlich gezielt afroamerikanische KundInnen an. DNA-Abschnitte werden dabei auf eine Affinität zu afrikanischen Populationen geprüft. Gegen Bezahlung und einen Mundabstrich können KundInnen bei diesen oder ähnlichen Firmen darüber hinaus etwa erfahren, ob und zu wie viel Prozent sie Native American sind, ob sie von der jüdischen Priesterkaste der Kohanim oder der Leviten abstammen oder zu den Sepharden oder Ashkenasim gehören.

Damit ist bereits ein wichtiges Segment der Testangebote der kommerziellen Anbieter der molekularanthropologischen Technologien angesprochen, die von der Vorgeschichte bis in die historische Zeit und die nahe Familiengeschichte reichen. Mit ihrem Fokus auf die afroamerikanische und jüdische Diaspora, auf die genetische Bestimmung einer Abstammung von den amerikanischen UreinwohnerInnen, aber auch etwa mit Tests auf Zugehörigkeit zu bestimmten ›Völkern‹ des antiken Europa richten sich die Firmen auf spezifische Geschichtskulturen aus und versprechen auf deren emotionale Fragen naturwissenschaftlich gesicherte Antworten. Dabei geht es natürlich auch um Spaß und Spiel: Vielleicht stammen Sie von ›Ötzi‹, Napoleon, Jesse James oder Che Guevara ab? Dennoch zeigt auch der Markt für die genetische Bestimmung von Abstammung und ethnischer Identität, dass die evolutionäre Anthropologie heute wie zu Darwins Zeiten an der Herausbildung und am Wandel von Selbst- und Fremdbildern beteiligt ist.[37]

3.2.2 Schluss: Evolutionäre Anthropologie heute und morgen

Die ethischen Fragen, die das HGDP aufgeworfen hat, haben zu einer Sensibilisierung in der genetischen Anthropologie geführt, deren heutige Technologien es erlauben, Individuen aufgrund ihrer Genome zu gruppieren, was eine Zuschreibung vor der Forschung unnötig macht, und sie ermöglichen es, gerade die Diversität der Herkunft individueller Genome und die Durchmischung ethnischer Genpools zu untersuchen. Und die Auseinandersetzungen zwischen VertreterInnen des genetischen und anderer Ansätze der Anthropologie im HGDP sollten nicht darüber hinwegtäuschen, dass anthropologische Projekte durchaus auch transdisziplinär konzipiert werden. So ist es auch gelungen, molekulare und kulturelle Herangehensweisen zu kombinieren. Ein Beispiel dafür ist das Inuit Genetic History Project. Der isländische Sozial- und Kulturanthropologe Gisli Palsson arbeitete im Rahmen dieses Projekts mit Agnar Helgason zusammen, einem biologischen Anthropologen, der in der genetischen Anthropologie aktiv ist. Palsson hat eine Neuausrichtung und Wiederannäherung von biologischer und Sozial- und Kulturanthropologie konstatiert, deren Basis das Obsoletwerden der theoretischen Dichotomie von Natur und Kultur ausgehend von der genomischen Medizin bilde. Genomische Anthropologie wird somit definiert als »a hybrid field that increasingly involves anthropologists in the fusion of the ›social‹ and the ›biological‹ in the wake of genomic studies« (Palsson 2008: 546; auch Palsson 2007). Die Synthese, die sich für Palsson in der historisch-evolutionär orientierten Anthropologie anbahnt, umfasst auch Archäologie, Linguistik und Paläoanthropologie.

Im Inuit-Projekt wurde Wert darauf gelegt, die zu untersuchenden Menschen und ihr Wissen in den Forschungsprozess einzubeziehen. Dieses Vorgehen ist nach Palsson in der Sozial- und Kulturanthropologie und Ethnografie verbreitet, in Projekten der genetischen Anthropologie hingegen nach wie vor rar. Palsson betont, dass der Weg zu einer transdisziplinären Anthropologie noch lang sei und dass es in der genetischen Anthropologie einen Paradigmenwechsel brauche, um die Probleme anzugehen, mit denen das HGDP konfrontiert war. Eine wirklich transdisziplinäre genomische Anthropologie sollte Palsson zufolge so aussehen: »genomic anthropology involves the study of human genomic variation and history; it attends to basic concepts and metaphors, indigenous and otherwise, including population, lineage, race, kinship, and soul-name, and engages with the implications of genomics for biopolitics and the construction of relations and identities.« (Palsson 2008: 546)

Inwieweit eine solch transdisziplinäre und ethnisch integrative genomische Anthropologie die Zukunft ist, wird sich weisen. Fest steht, dass das Adjektiv *genomisch* bereits der Gegenwart entspricht. Die molekulare Anthropologie befindet sich nach wie vor in großer Bewegung. Zwar verläuft der Trend in den *Life Sciences* zurzeit eher hin zu epigenetischer Forschung und damit weg von einer reinen Genperspektive. Dieser Trend könnte auch die Wissenschaften von ›unseren Ursprüngen‹ beeinflussen. Aber ein Wandel, der sich bereits auf die Techniken, Qualifikationsanforderungen und epistemischen Objekte in der Populationsgenetik ausgewirkt hat, ist jener hin zur Analyse ganzer Genome: Populations*genomik* ist das Schlüsselwort. Computer werten mittlerweile riesige Datenmengen aus, und IT-SpezialistInnen und BioinformatikerInnen sind die ExpertInnen der neuen Ansätze. Diese Veränderungen sind etwa auch innerhalb des Genographic Project erkennbar, wo die Arbeit von PopulationsgenomikerInnen an Bedeutung gewonnen hat und ein Analyse-Set GP02 für das ganze Genom entwickelt worden ist, um die neuesten Technologien zu kommerzialisieren (Sommer 2016, im Erscheinen, Postscript).

Diese Entwicklungen treiben natürlich nicht nur die molekulare Anthropologie voran, deren Praktiken Eingang in alle Bereiche der evolutionären Anthropologie gefunden haben. Die Wissenschaften von der Evolution der *Hominoidea* sind mit einer Fülle von Hilfsmitteln informatisiert und technologisiert worden. Darauf – und auf die Tatsache, dass die evolutionäre Perspektive weiterhin als integrativer Ansatz auf diesen Gegenstand wirkt – sei anhand des Max-Planck-Instituts für evolutionäre Anthropologie in Leipzig verwiesen. In der Abteilung Primatologie (Christophe Boesch) wird zum Beispiel mit DNA- und Isotopenanalysen gearbeitet; die Abteilung für evolutionäre Genetik untersucht auch aus Fossilien gewonnene DNA auf ihre Sequenz (Pääbo) und entwickelt die Sequenzierungstechniken selbst weiter; jene für Humanevolution (Jean-Jacques Hublin) besitzt unter anderen eigens Labors für die Aufbereitung von Proben zur Archäometrie, für Massenspektrometrie, Lumineszenzdatierung und virtuelle Realität; und die linguistische Abteilung verfügt über ein hochtechnologisiertes phonetisches Labor. All diese Forschungsrichtungen teilen auch mit der vergleichenden und Entwicklungspsychologie (Tomasello) die evolutionäre Schau: »Das Institut vereint Wissenschaftler verschiedenster Disziplinen, die sich von einem interdisziplinären Ansatz her mit der Evolution des Menschen beschäftigen.«[38]

Das gilt nicht gleichermaßen für die Kulturanthropologie, die sich stärker an den humanistischen Fächern ausrichtet, und die am MPI betriebene Archäologie gehört zur naturwissenschaftlichen Archäologie oder Archäometrie (*archaeological science/archaeometry*), also zu jenem Zweig, der die neuen naturwissenschaftlich-technischen Verfahren anwendet. Eine genuin evolutionäre Sozial- und Kulturanthropologie lässt sich lediglich für die erste der hier behandelten drei Phasen nachweisen, als das Studium außereuropäischer ›Völker‹ und archäologischer Funde und die physische Anthropologie im Zuge der Entdeckung der Vorgeschichte und der Akzeptanz der Evolution unter holistisch-evolutionären Zugängen gebündelt wurden. Bereits in der zweiten und sicher in der dritten Phase zeigte sich dann doch so etwas wie C. P. Snows zwei Kulturen – der Anthropologie –, auch wenn diese nicht strikt mit Fächergrenzen zusammenfallen.

In den USA ist die ganzheitliche Herangehensweise mit der Vier-Felder-Anthropologie assoziiert, die soziokulturelle und biologische Anthropologie sowie Archäologie – zumindest diskursiv, institutionell und kurrikulär – länger zusammengehalten hat als in Europa. Und die Wenner-Gren Foundation setzt die Förderung integrativer Symposien und Projekte fort. Gleichzeitig zeigt sich hier die Spaltung der kulturanthropologischen Ansätze in positivistische und konstruktivistische stärker als in anderen Ländern. Dasselbe gilt in der Archäologie für prozessuale und postprozessuale Zugänge, obwohl sich seit den 1960er Jahren auch wieder eine evolutionäre Archäologie herausgebildet hat, die sich mit der Entwicklung und Diversifizierung von Kulturen über die Zeit befasst. Neodarwinistische und verhaltensökologische Ansätze haben in der amerikanischen Archäologie durchaus einen gewissen Boom erfahren, der mit Schriften wie Stephen Shennans *Genes, Memes and Human History: Darwinian Archaeology and Cultural Evolution* (2003) auch über die Wissenschaften hinausreicht. Allgemein ist die Integration mit der biologischen Anthropologie aber wegen des evolutionistischen Erbes zunehmend infrage gestellt worden. Hinter der biokulturellen Anthropologie werden eine unangemessene Reduktion auf Biologie und evolutionäre Gesetzmäßigkeiten sowie ein Angriff auf den interpretativen Zugang der soziokulturellen Anthropologie vermutet (Segal/Yanagisako 2005).

Dass diese Spannungen sich eventuell noch verstärken und zunehmend weitere geistes-, kultur- und sozialwissenschaftliche Fächer betreffen könnten, darauf mag die Entscheidung der Max-Planck-Gesellschaft hindeuten, ihr Jenaer Institut für Ökonomik in eines für Geschichte und Naturwissenschaften (bzw. seit November 2014 Institut für Menschheitsgeschichte) umzuwandeln, das sich der Archäogenetik sowie der Sprach- und Kulturevolution widmen soll. Die naturwissenschaftlichen Ansätze – allen voran die Genomik – sollen die Vorgeschichte und Geschichte der Menschheit erhellen. Insbesondere sollen einerseits die letzten 20 000 Jahre der eurasischen Geschichte untersucht, andererseits globale Sprach- und Kulturarchive erstellt und mittels evolutionärer Theorien und Informationstechnologien erschlossen werden. Die evolutionäre Perspektive soll auch wieder Aufschluss über die Entwicklung von Staat und Religion geben. Dabei wird eine integrierte Wissenschaft der Menschheitsgeschichte angestrebt, die LinguistInnen, SozialwissenschaftlerInnen und HistorikerInnen einbezieht.[39]

Abschließend ist festzustellen, dass der Begriff *evolutionäre Anthropologie* im Deutschen nicht besonders geläufig ist. Eine Google-Suche etwa ergibt insbesondere Treffer für das MPI in Leipzig. Somit verweist er auf Versuche einer integrativen Anthropologie unter evolutionären Perspektiven in der Vergangenheit und möglicherweise auf eine Zukunft, in der solche Projekte häufiger werden – zumindest nach der Einschätzung des deutschen Anthropologen Winfried Henke liegt die Zukunft der Anthropologie genau in solchen Forschungsverbünden (Henke/Rothe

2006; Henke 2007). Folgt man dem Programm der Zeitschrift *Interdisziplinäre Anthropologie*, so kann die Anthropologie des 21. Jahrhunderts dabei aber »auf phantastische Forderungen nach Vereinheitlichung unseres Wissens vom Menschen verzichten«[40]. Sie sollte stattdessen das realisierbare Ziel verfolgen, das Wissen aus den spezialisierten Fachbereichen über deren Grenzen hinaus zugänglich zu machen und zu diskutieren.

Anmerkungen

1 Die Geschichte, wie die Veröffentlichung von Darwins Werk schließlich zustande kam, ist viele Male erzählt worden, und Ray Lankester, Fireside Science, London 1934, Kap. 3, ist nur ein Beispiel für eine Schilderung eines bewundernden Darwinisten.

2 *The Antiquity of Man* erschien bereits im ersten Jahr in drei fast identischen Auflagen, im Februar, April und November.

3 Darwin bezog sich hier auf Carl Vogt, der in der Mikrozephalie eine Entwicklungshemmung sah, »welche eine der Stationen bezeichnet, die der menschliche Embryo nothwendig durchlaufen muß und welche durch die Mischung menschlicher und afflicher Charaktere jetzt noch in ihrer Abnormität die Zwischenbildung bezeichnet, die früher in normaler Bildung bestanden haben kann« (Vogt 1863: 278).

4 Zum Konzept des Atavismus zwischen Wissenschaft und Literatur siehe Marianne Sommer, How Cultural Is Heritage? Humanity's Black Sheep from Charles Darwin to Jack London, in: Staffan Müller-Wille/Hans-Jörg Rheinberger (Hg.), A Cultural History of Heredity III. 19th and Early 20th Centuries, Berlin 2005, S. 233–253. Eine kompakte Einführung zu Darwins Person und Werk ist Julia Voss, Charles Darwin zur Einführung, Hamburg 2008.

5 Diese Theorie ist allerdings scharf kritisiert worden (siehe z.B. Allen Esterson, Desmond and Moore's *Darwin's Sacred Cause: A Misreading of the Historical Record*, SAGE Open, April-June 2013: 1–7, DOI: 10.1177/2158244013483134, sgo.sagepub.com).

6 Der Begriff *Lamarckismus* ist ebenso problematisch wie *Darwinismus*, da er meist auf den Mechanismus der Vererbung erworbener Eigenschaften reduziert und damit der ursprünglichen Komplexität von Lamarcks Theorie nicht gerecht wurde und wird. Er ist auch deshalb problematisch, weil es die Vorstellung, dass erworbene Eigenschaften vererbt werden, bereits vor Lamarck gab.

7 In Haeckels Werk finden sich auch eugenische Propaganda und antisemitische Tendenzen (vgl. z.B. Uwe Hoßfeld, Geschichte der biologischen Anthropologie in Deutschland. Von den Anfängen bis zur Nachkriegszeit, Stuttgart 2005).

8 Zur Phrenologie als Teil der Geschichte des Gehirns in der Wissenschaft und als einem der entscheidenden Faktoren für die konzeptuelle Verschiebung vom Seelenorgan zum Hirn siehe Michael Hagner, Homo cerebralis. Der Wandel vom Seelenorgan zum Gehirn, Frankfurt am Main 2000 (1997), S. 89–118.

9 Meine Behandlung der Institutionalisierungskontexte muss leider beschränkt bleiben; für weitere siehe Uwe Hoßfeld, Geschichte der biologischen Anthropologie, a.a.O., S. 167–181.

10 Für eine Diskussion sowohl evolutionärer als auch kreationistischer Versionen des Mono- und Polygenismus in der zweiten Hälfte des 19. Jahrhunderts siehe bereits Huxley 1894: 237–252.

11 Dass die Kontroverse um den Neandertaler als eigenständigen fossilen Menschentypus einige Zeit andauerte, zeigt sich in Julien Fraipont, The Imaginary Race of Canstadt or Neanderthal, in: Science, Heft 22 (568), 1893, S. 346. Darin nahm der belgische Anatom Fraipont auf die in *Science* erscheinenden »Current Notes on Anthropology« Bezug, in denen von einem Treffen der deutschen Anthropologischen Gesellschaft berichtet wurde, wo Anthropologen, unter ihnen Virchow, die Neandertal- und die Canstadt-›Rasse‹ als »Phantasiegebilde« bezeichnet hatten. Fraipont, der die Funde aus Spy untersucht hatte, kritisierte diese Forscher und verteidigte de Quatrefages and Hamy (*Crania Ethnica*, siehe unten), indem er darauf hinwies, dass an dem Treffen nur die beiden namengebenden Exemplare der ›Rasse‹ diskutiert worden waren, während alle anderen Funde ignoriert wurden, so auch jener von Spy.

12 Boyd Dawkins (1880: 202–203) führte de Mortillets Moustérien, Solutréen und Magdalénien (siehe unten) auf eine einzige ›Rasse‹ von Höhlenmenschen zurück, deren materielle Kultur, wie bei den zeitgenössischen ›Eskimos‹, zwischen verschiedenen Stämmen lokal variiert habe. Die ältere ›Rasse‹, deren kulturelle Hinterlassenschaften an offenen Stätten gefunden wurden, setzte Boyd Dawkins mit de Mortillets Chelléen/Acheuléen gleich (ibid.: 199). Als klar wurde, dass einige der Moustérien-Werkzeugtypen sowohl im Flussschotter als auch

in den tieferen Höhlenschichten zu finden waren, wurde eine dritte Kategorie eingeführt, was eine Einteilung in Alt- (nur offene Stellen), Mittel- (offene Stellen und Höhlen) und Jungpaläolithikum (nur Höhlenfunde) zur Folge hatte.

13 John Evans, The Ancient Stone Implements, Weapons, and Ornaments of Great Britain, London 1872, war ein weiterer Meilenstein in der Herausbildung einer Systematik; es ist ein ausführliches Buch über die Formen, die mögliche Verwendung, die Herstellungsmethoden und die Umstände der Entdeckung prähistorischer Werkzeuge, Waffen und Zierobjekte in Großbritannien. Für seine Interpretation und Klassifikation der Artefakte stellte Evans Vergleiche mit prähistorischen Kulturen Kontinentaleuropas und mit zeitgenössischen ›wilden‹ Kulturen an. Aber auch geologisches Wissen wurde einmal mehr integriert, wenn es um die Entstehung von Höhlen und um die Datierung des archäologischen Materials ging. Evans' Klassifizierungssystem für die britischen steinzeitlichen Kulturen war im Wesentlichen an de Mortillets angelehnt, zur Benennung bestimmter Epochen zog er aber ausschließlich Höhlenfundstätten in der Dordogne heran (er sprach also von den Zeitaltern von Le Moustier, Laugerie-Haute, Cro-Magnon und La Madeleine).

14 Zu den in diesem Kapitel besprochenen Entwicklungen insgesamt siehe Sommer 2007a: 121–140.

15 Klemm dachte die Kulturgeschichte als einheitlichen Prozess, der die Phasen der Wildheit, Zahmheit und Freiheit durchlief. Später postulierte Morgan die Stufen Wildheit, Barbarei und Zivilisation. Diese Modelle erlebten nach dem Zweiten Weltkrieg im ›Neoevolutionismus‹ in Form von Modernisierungstheorien ein Revival. Im Nationalsozialismus deuteten Völkerkundler ethnografische und archäologische Daten sozialdarwinistisch und rassistisch, während etwa in den stalinistischen und spätstalinistischen Systemen ein von Friedrich Engels' Morgan-Lektüre geprägtes Stufenmodell angenommen wurde, das den ›realen Sozialismus‹ als Höchstform setzte (für weitere evolutionistische und evolutionäre Ansätze der Ethnologie des 20. Jahrhunderts siehe Andre Gingrich, Ethnologie, in: Philipp Sarasin/Marianne Sommer [Hg.], Evolution. Ein interdisziplinäres Handbuch, Stuttgart 2010, S. 226–233).

16 Der Begriff *Neodarwinismus* soll ähnlich, wie wir es für *Neolamarckismus* gesehen haben, darauf hinweisen, dass Darwins eigene Theorie nicht den Vorstellungen dieser jüngeren Darwinisten entsprach, die mit dem Konzept der harten Vererbung arbeiteten (Unmöglichkeit der Vererbung erworbener Eigenschaften). In einem noch strikteren Sinn meint der Begriff die Synthese von Genetik mit Darwins Variations-Selektionstheorie (siehe unten).

17 Z.B. auch Francis Galton, Hereditary Genius. An Inquiry into Its Laws and Consequences, London 1869; Ders., The Possible Improvement of the Human Breed Under the Existing Conditions of Law and Sentiment, in: Man, Heft 1, 1901, S. 161–164; und Ders., Studies in Eugenics, in: The American Journal of Sociology, Heft 11 (1), 1905, S. 11–25, wo er die Eugenik als natürliche Fortsetzung religiöser Regulierungen der menschlichen Fortpflanzung darstellte. Für Galtons Definition des Ziels und Umfangs der Eugenik sowie Reaktionen darauf von Pearson, Weldon, H. G. Wells, Bateson, Benjamin Hobhouse, George Bernard Shaw und weiteren siehe Francis Galton, Eugenics: Its Definition, Scope, and Aims, in: The American Journal of Sociology, Heft 10 (1), 1904, S. 1–25.

18 Der Sekundärliteraturklassiker zum britischen und amerikanischen Kontext ist Daniel J. Kevles, In the Name of Eugenics. Genetics and the Uses of Human Heredity, Cambridge, MA 1995 (1985).

19 Z.B. Eugen Fischer, Die Rehobother Bastards und das Bastardierungsproblem beim Menschen. Anthropologische und ethnographische Studien am Rehobother Bastardvolk in Deutsch-Südwest-Afrika, Jena 1913; Ders., Rasse und Rassenentstehung beim Menschen. Wege zum Wissen, Berlin 1927; Erwin Baur/Eugen Fischer/Fritz Lenz (Hg.), Grundriss der menschlichen Erblichkeitslehre und Rassenhygiene. Bd. I: Menschliche Erblichkeitslehre; Bd. II: Menschliche Auslese und Rassenhygiene, München 1921. Zur deutschen Eugenik und Rassenhygiene siehe etwa Robert Proctor, From *Anthropologie* to *Rassenkunde* in the German Anthropological Tradition, in: George W. Stocking (Hg.), Bones, Bodies, Behavior. Essays on Biological Anthropology, Wisconsin 1988, S. 138–179; Peter Weingart/Jürgen Kroll/Kurt Bayertz, Rasse, Blut und Gene. Geschichte der Eugenik und Rassenhygiene in Deutschland, Frankfurt am Main 1988; Hans-Walter Schmuhl (Hg.), Rassenforschung an Kaiser-Wilhelm-Instituten vor und nach

1933, Göttingen 2003; Ders., Grenzüberschreitungen. Das Kaiser-Wilhelm-Institut für Anthropologie, menschliche Erblehre und Eugenik 1927–1945, Göttingen 2005.

20 Franz Boas, Changes in Bodily Form of Descendants of Immigrants, in: American Anthropologist, New Series, Heft 14 (3), 1912, S. 530–562, enthält eine Zusammenfassung der Resultate und Boas' Antworten auf verschiedene Kritikpunkte bezüglich der Methode, der Resultate und der Interpretation der Studie. Zu Boas siehe Stocking 1968: Kap. 8; Barkan 1992: 76–90; Staffan Müller-Wille, Race and Kinship in Anthropology. Morgan and Boas, in: Ders./Hans-Jörg Rheinberger (Hg.), A Cultural History of Heredity III: 19th and Early 20th Centuries, Berlin 2005, S. 255–263; Michael A. Little, Franz Boas's Place in American Anthropology and Its Institutions, in: Michael A. Little/Kenneth A. R. Kennedy (Hg.), Histories of American Physical Anthropology in the Twentieth Century, Lanham 2010, S. 55–85. Für eine Geschichte der Vererbung im Allgemeinen siehe Hans-Jörg Rheinberger/Staffan Müller-Wille, Vererbung. Geschichte und Kultur eines biologischen Konzepts, Frankfurt am Main 2009.

21 Siehe insbesondere Peabody Museum Archives, Cambridge, MA, E. A. Hooton (im Folgenden PM), Box 15, K, 995-I, Korrespondenz mit Arthur Keith, Brief an Keith, 6. Mai 1939.

22 PM, Box 10, G, Korrespondenz mit William Gregory, File 10.13, Brief von Gregory, 21. Mai 1935; und Box 1 (A), Korrespondenz, File 1.6 (955-I), American Eugenics Society, Brief von George Reid Andrews, 4. Mai 1936.

23 PM, Box 15, K, 995-I, Korrespondenz mit Arthur Keith, Brief von Hooton an Keith, 18. Februar 1944. Nach dem Krieg halfen Anthropologen dem Militär, Überreste von menschlichen Skeletten zu identifizieren (Thelma S. Baker/Phyllis B. Eveleth, The Effects of Funding Patterns on the Development of Physical Anthropology, in: Frank Spencer [Hg.], A History of American Physical Anthropology 1930–1980, New York 1982, S. 31–48, hier S. 35).

24 PM, Box 10, G, Korrespondenz Gates R. Ruggles (International Eugenics Congress), File 10.4, zur American Philosophical Society, 1953; siehe auch Brief an Permanent Science Fund of the American Academy of Arts and Sciences, 12. Februar 1952. Zu Hootons Wissenschaft und Politik siehe auch Barkan 1992: 101–108, 312–318.

25 Von Anfang der 1950er bis Mitte der 1970er Jahre genoss die Jäger-Hypothese große Beliebtheit bei AnthropologInnen als Erklärung für die Entwicklung adaptiven Verhaltens. Die menschlichen Markenzeichen Bipedie, Werkzeugnutzung, soziale Kooperation und Koordination, strategisches Denken (d.h. erhöhte Intelligenz) und die Differenzierung von Geschlechterrollen wurden auf der Grundlage des auf die männliche Jagd bezogenen Lebensstils erklärt. In Bezug auf Geschlechterrollen wurde angenommen, dass, als menschliche Säuglinge durch die postnatale neurologische Entwicklung immer abhängiger von ihren Müttern geworden seien, die männlichen Jäger sich stärker um den Nachwuchs sowie die damit belasteten Weibchen hätten kümmern müssen. So habe sich die Kleinfamilie mit einem männlichen Versorger und einer weiblichen Fürsorgerin entwickelt. Diese Theorie wurde sowohl aus wissenschaftlichen als auch aus ideologischen Gründen (aufgrund des ihr innewohnenden Sexismus) stark kritisiert, und es wurde ein alternatives Modell formuliert, die sogenannte *gathering hypothesis*, die den Interessenschwerpunkt auf weibliche adaptive Verhaltensweisen verlagerte (siehe z.B. Nancy Tanner/Adrienne Zihlman, Women in Evolution. Part I: Innovation and Selection in Human Origins, in: Signs. Journal of Women in Culture and Society 1 [3/1], 1976, S. 585–608; Adrienne Zihlman, Women in Evolution. Part II: Subsistence and Social Organization Among Early Hominids, in: Signs. Journal of Women in Culture and Society, Heft 4 [1], 1978, S. 4–20; Dies., Women as Shapers of the Human Adaptation, in: Frances Dahlberg [Hg.], Woman the Gatherer, New Haven 1981; Stephen Jay Gould, The Invisible Woman, in: Barbara T. Gates/Ann S. Shteir [Hg.], Natural Eloquence. Women Reinscribe Science, Madison 1997, S. 27–39).

26 Briefe von Sollas an Broom, Mai und Juli 1925, wiedergegeben in Findlay 1972: 53.

27 Hooton bemerkte: »Leakey has not the necessary knowledge to speak on the thing [Kanam Man]: It is such a jaw as should go with H. Rhodesiensis [...] Leakey is only an amateur in a hurry.« (PM, Box 15, K, 995-I, Korrespondenz mit Keith, Brief an Keith, 21. November 1935) Für eine weitere schonungslose Einschätzung von Louis Leakeys Charakter und Arbeit siehe z.B. Johanson/Maitland 1981: 86–88.

28 Es gab weitere Forscher, die früh Neandertaler als menschliche Vorfahren ansahen oder von einer Vermischung mit den Vorfahren der modernen Menschen ausgingen, wie Hrdlicka und Hans Weinert, der bezüglich der Zusammengehörigkeit und Bedeutung der Piltdown-Fundstücke skeptisch war (Weinert 1932: 261–270; Ales Hrdlicka, The Neanderthal Phase of Man, in: Journal of the Royal Anthropological Institute of Great Britain and Ireland, Heft 57, 1927, S. 249–274). Sowohl Hrdlicka als auch Weinert scheinen eine unilineare Vorstellung der Evolution in der Tradition Schwalbes bevorzugt zu haben (Weinert [1932: 264] kritisierte explizit die Tendenz, die bekannten Hominidenfossilien auf Nebenzweige abzuschieben).

29 Dobzhanskys Postulat, dass zu jedem beliebigen Zeitpunkt in der Evolutionsgeschichte nur eine menschliche oder vormenschliche Art in einem Gebiet existiert habe, wurde durch die Vielfalt der Gattung *Australopithecus* infrage gestellt. In Südafrika schien es vorübergehend zwei Arten davon gegeben zu haben. Er akzeptierte später zwei Gattungen, *Australopithecus* und *Homo*; Letztere mit zwei Arten, *erectus* und *sapiens* (Dobzhansky 1962: Kap. 7; siehe insgesamt auch Ders., Biological Adaptation, in: The Scientific Monthly, Heft 55 [5], 1942, S. 391–402; Ders., Heredity, Environment, and Evolution, in: Science, New Series 111 [2877], 1950, S. 161–166).

30 Keiths Auffassung zur Stellung der Neandertaler in der Hominidenfamilie unterschied sich von derjenigen Weidenreichs, Weinerts und Hrdlickas – deren Ansichten auch voneinander verschieden waren –, indem er nur frühe Neandertaler außerhalb Europas als Vorfahren akzeptierte (›prä-Neanderthaler-Phase des Menschen‹) und dies zudem nur für die ›kaukasische‹ Linie. Interessanterweise scheint Hooton, der Keiths Theorie vom hohen Alter der modernen menschlichen Anatomie teilte, etwas enttäuscht von Keiths Sinneswandel und Wiederaufnahme der Neandertaler in die menschliche Linie gewesen zu sein (für Hootons Interpretation des Fossilienbefunds siehe Hooton 1931: Part IV, 289–393; PM, Box 15, K, 995-I, Korrespondenz mit Arthur Keith, Rezension von Keiths *A New Theory of Human Evolution* [1948] für *Antiquity*, 25. November 1948; für eine Diskussion der Theorien einer Neandertaler- und Prä-Neandertaler-Phase siehe Henri V. Vallois, Neandertals and Praesapiens, in: Journal of the Royal Anthro-

pological Institute of Great Britain and Ireland 84 [1/2], 1954, S. 111–130).

31 KritikerInnen wie Donna Haraway (Simians, Cyborgs, and Women. The Reinvention of Nature, New York 1991) haben zudem darauf hingewiesen, dass die Vorstellungen egoistischer und strategisch planender, also profitorientierter Organismen und Moleküle ihre Pendants in der neoliberalen Marktwirtschaft haben. Zu Richard Dawkins und Edward O. Wilson siehe z.B. Michael Ruse, Mystery of Mysteries. Is Evolution a Social Construction?, Cambridge, MA 1999, S. 122–134 und 172–193. Für detaillierte Kritiken siehe Richard C. Lewontin et al., Not in Our Genes. Biology, Ideology, and Human Nature, New York 1984; Philip Kitcher, Vaulting Ambition. Sociobiology and the Quest for Human Nature, Cambridge, MA 1985; Thomas P. Weber, Darwin und die neuen Biowissenschaften. Eine Einführung, Köln 2005, S. 182–210. Zu den frühen Kontroversen siehe Ullica Segerstrale, Defenders of the Truth. The Battle for Science in the Sociobiology debate and beyond, Oxford 2000.

32 Für eine Synthese mit der russischen evolutionsbiologischen Tradition siehe etwa Theodosius Dobzhansky, The Biological Basis of Human Freedom, New York 1960 (1956), S. 63–66.

33 Siehe Mourants Korrespondenz in der Wellcome Library, digital archive; und Sommer 2016, im Erscheinen, Teil III.

34 Kapitel 3.1.2 basiert weitgehend auf Sommer 2008a: 473–528.

35 Siehe die Dokumente zu den Projektworkshops auf http://www.osti.gov/scitech/search.jsp, zugegriffen am 14. Januar 2015.

36 Siehe z.B. das Haplogroup G Project: https://sites.google.com/site/haplogroupgproject, zugegriffen am 14. Januar 2015.

37 Kapitel 3.2.1 bezieht sich weitgehend auf Sommer 2016, im Erscheinen, Part III.

38 http://www.eva.mpg.de/german/index.html, zugegriffen am 14. Januar 2015.

39 http://www.mpg.de/150005/shh und http://www.shh.mpg.de, zugegriffen am 14. Januar 2015.

40 http://www.interdisziplinaere-anthropologie.de, zugegriffen am 14. Januar 2015.

Literatur

Abu El-Haj, Nadia, The Science of Genealogy. The Search for Jewish Origins and the Politics of Epistemology, Chicago 2012.

Allen, Garland E., The Evolutionary Synthesis: Morgan and Natural Selection Revisited, in: Ernst Mayr/William B. Provine (Hg.), The Evolutionary Synthesis. Perspectives on the Unification of Biology, Cambridge, MA 1980, S. 356–382.

Armelagos, George J./Carlson, David S./Van Gerven, Dennis P., The Theoretical Foundations and Development of Skeletal Biology, in: Frank Spencer (Hg.), A History of American Physical Anthropology 1930–1980, New York 1982, S. 305–328.

von Baer, Carl Ernst, Über Entwicklungsgeschichte der Thiere. Beobachtung und Reflexion, Königsberg 1828 (Teil 1) und 1837 (Teil 2).

Barkan, Elazar, The Retreat of Scientific Racism. Changing Concepts of Race in Britain and the United States between the World Wars, Cambridge 1992.

Barth, Fredrik/Gingrich, Andre/Parkin, Robert/Silverman, Sydel, One Discipline, Four Ways. British, German, French, and American Anthropology, Chicago 2005.

Boas, Franz, The Mind of Primitive Man, in: Science, New Series, Heft 13 (321), 1901, S. 281–289.

Bodmer, Walter Fred/Cavalli-Sforza, Luigi Luca, Genetics, Evolution, and Man, San Francisco 1976.

Bowler, Peter, Theories of Human Evolution. A Century of Debate, 1844–1944, Oxford 1986.

– The Non-Darwinian Revolution. Reinterpreting a Historical Myth, Baltimore 1988.

– The Mendelian Revolution. The Emergence of Hereditarian Concepts in Modern Science and Society, Baltimore 1989a.

– The Invention of Progress. The Victorians and the Past, Oxford 1989b.
– Evolution. The History of an Idea, 2. Aufl., Berkeley 1989 (1983).
Bowles, Francis P., Measurement and Instrumentation in Physical Anthropology, in: Yearbook of Physical Anthropology, Heft 18, 1974, S. 174–190.
Boyd Dawkins, William, Early Man in Britain and His Place in the Tertiary Period, London 1880.
Brigandt, Ingo, Jenseits des Neodarwinismus? Neuere Entwicklungen in der Evolutionsbiologie, in: Philipp Sarasin/Marianne Sommer (Hg.), Evolution. Ein interdisziplinäres Handbuch, Stuttgart 2010, S. 115–126.
Broca, Paul, Sur les crânes et ossements des Eyzies, in: Bulletins de la Société d'Anthropologie de Paris, Heft 54, 1868, S. 350–392.
Broom, Robert, Finding the Missing Link. An Account of Recent Discoveries Throwing New Light on the Origin of Man, London 1950.
Campbell, Bernard, The Centenary of Neandertal Man, in: Man, Heft 56, 1956, S. 156–158 (Part I) und 171–173 (Part II).
Cann, Rebecca L., DNA and Human Origins, in: Annual Review of Anthropology, Heft 17, 1988, S. 127–143.
Cann, Rebecca L./Stoneking, Mark/Wilson, Allan C., Mitochondrial DNA and Human Evolution, in: Nature, Heft 325, 1987, S. 32–36.
Cavalli-Sforza, Luigi Luca/Cavalli-Sforza, Francesco, Vom Glück auf Erden. Antworten auf die Frage nach dem guten Leben, Reinbek bei Hamburg 2000 (1997).
– La Génétique des populations. Histoire d'une découverte, Paris 2005.
Cavalli-Sforza, Luigi Luca/Edwards, Anthony W. F., Analysis of Human Evolution, in: S. J. Geerts (Hg.), Genetics Today. Proceedings of the XI. International Congress of Genetics, The Hague, The Netherlands, September 1963, Bd. 3, Oxford 1965, S. 923–933.
Cavalli-Sforza, Luigi Luca/Menozzi, Paolo/Piazza, Alberto, The History and Geography of Human Genes, Princeton 1994.
Cavalli-Sforza, Luigi Luca/Allan Charles Wilson/Charles R. Cantor/Robert M. Cook-Deegan/Mary-Claire King, Call for a World-Wide Survey of Human Genetic Diversity: A Vanishing Opportunity for the Human Genome Project, in: Genomics, Heft 11, 1991, S. 490–491.
Clark, Wilfrid E. Le Gros, Early Forerunners of Man. A Morphological Study of the Evolutionary Origin of the Primates, Baltimore 1934.

– Evolutionary Parallelism and Human Phylogeny, in: Man, Heft 36, 1936, S. 4–8.
– Pan-African Congress on Prehistory: Human Palaeontological Section, in: Man, Heft 47, 1947, S. 101.
– Hominid Characters of the Australopithecine Dentition, in: Journal of the Royal Anthropological Institute of Great Britain and Ireland, Heft 80 (1/2), 1950, S. 37–54.
– The Fossil Evidence for Human Evolution. An Introduction to the Study of Paleoanthropology, Chicago 1955.
Clifford, James, Rearticulating Anthropology, in: Daniel A. Segal/Sylvia J. Yanagisako (Hg.), Unwrapping the Sacred Bundle: Reflections on the Disciplining of Anthropology, Durham 2005, S. 24–48.
Coon, Carleton S., The Origin of Races, New York 1962.
Crow, James F., Unequal by Nature. A Geneticist's Perspective on Human Difference, in: Daedalus, Heft Winter, 2002, S. 81–88.
Darwin, Charles, On the Origin of Species by Means of Natural Selection, or the Preservation of Favoured Races in the Struggle for Life, London 1859.
– The Descent of Man, and Selection in Relation to Sex, 2 Bde., London 1871.
– The Descent of Man, and Selection in Relation to Sex, 2. Aufl., London 1874 (1871).
– The Expression of the Emotions in Man and Animals. With an Introduction, Afterword and Commentaries by Paul Elkman, 3. Aufl., New York 1998 (1872).
Davenport, Charles, Heredity in Relation to Eugenics, New York 1911.
Delisle, Richard G., Human Palaeontology and the Evolutionary Synthesis during the Decade 1950–1960, in: Raymond Corbey/Bert Theunissen (Hg.), Ape, Man, Apeman: Changing Views Since 1600, Leiden 1995, S. 217–228.
Dennell, Robin W., Progressive Gradualism, Imperialism and Academic Fashion. Lower Palaeolithic Archaeology in the 20th Century, in: Antiquity, Heft 64, 1990, S. 549–558.
Desmond, Adrian/Moore, James, Darwin's Sacred Cause: Race, Slavery and the Quest for Human Origins, London 2009.

Dietrich, Michael R., Paradox and Persuasion. Negotiating the Place of Molecular Evolution within Evolutionary Biology, in: Journal of the History of Biology, Heft 31, 1998, S. 85–111.

Dobzhansky, Theodosius, Genetics and the Origin of Species, New York 1937.

— On Species and Races of Living and Fossil Man, in: American Journal of Physical Anthropology, Heft 2, 1944, S. 251–265.

— Mankind Evolving. The Evolution of the Human Species, New Haven 1962.

— Anthropology and the Natural Sciences – The Problem of Human Evolution, in: Current Anthropology, Heft 4 (2), 1963, S. 138 und 146–148.

— Biology, Molecular and Organismic, in: American Zoologist, Heft 4, 1964, S. 443–452.

— Are Naturalists Old-Fashioned?, in: American Naturalist, Heft 100 (915), 1966, S. 541–550.

— Changing Man, in: Science, Heft 155 (3761), 1967, S. 409–415.

Elliot Smith, Grafton, Evolution of Man. Essays, London 1924.

— Human History, New York 1929.

— The Diffusion of Culture, London 1933.

Erickson, Paul A., The Origins of Physical Anthropology. Doktorarbeit, Department of Anthropology, University of Connecticut 1974.

Findlay, G. H., Dr. Robert Broom, F.R.S., Palaeontologist and Physician, 1866–1951. A Biography, Appreciation and Bibliography, Kapstadt 1972.

Freud, Sigmund, Eine Schwierigkeit der Psychoanalyse, in: Imago. Zeitschrift für Anwendung der Psychoanalyse auf die Geisteswissenschaften, Heft V, 1917, S. 1–7.

Galton, Francis, Inquiries into Human Faculty and Its Development, London 1883.

— Hereditary Genius. An Inquiry into Its Laws and Consequences, London 1892 (1869).

Glick, Thomas F. (Hg.), The Comparative Reception of Darwinism, Austin 1988 (1974).

Goodman, Morris, Man's Place in the Phylogeny of the Primates as Reflected in Serum Proteins, in: Sherwood L. Washburn (Hg.), Classification and Human Evolution, Chicago 1963, S. 204–234.

Goodman, Morris/Tashian, Richard E./Tashian, Jeanne H., Progress in Molecular Anthropology, in: Current Anthropology, Heft 17 (3), 1976, S. 491–494.

491–494.
Gould, Stephen Jay, Ontogeny and Phylogeny, Cambridge 1977.
– G. G. Simpson, Paleontology, and the Modern Synthesis, in: Ernst Mayr/William B. Provine (Hg.), The Evolutionary Synthesis. Perspectives on the Unification of Biology, Cambridge, MA 1980, S. 153–172.
– The Mismeasure of Man. Revised edition, New York 1996 (1981).
Graves, Joseph L., The Emperor's New Clothes. Biological Theories of Race at the Millennium, New Brunswick 2001.
Grayson, Donald K., The Establishment of Human Antiquity, New York 1983.
Green, R.E./Krause, J./Briggs, A.W./Maricic, T./Stenzel, U./Kircher, M./Patterson, N./Li, H./Zhai, W./Fritz, M.H-Y./Hansen, N.F./Durand, E.Y./Malaspinas, A.-S./Jensen, J.D./Marques-Bonet, T./Alkan, C./Prüfer, K./Meyer, M./Burbano, H.A./Good, J.M./Schultz, R./Aximu-Petri, A./Butthof, A./Höber, B./Höffner, B./Siegemund, M./Weihmann, A./Nusbaum, C./Lander, E.S./Russ, C./Novod, N./Affourtit, J./Egholm, M./Verna, C./Rudan, P./Brajkovic, D./Kucan, Ž./Gusic, I./Doronichev, V.B./Golovanova, L.V./Lalueza-Fox, C./de la Rasilla, M./Fortea, J./Rosas, A./Schmitz, R.W./Johnson, P.L.F./Eichler, E.E./Falush, D./Birney, E./Mullikin, J.C./Slatkin, M./Nielsen, R./Kelso, J./Lachmann, M./Reich, D./Pääbo, S., A draft sequence of the Neandertal genome, in: Science, Heft 328, 2010, S. 710–722.
Gregory, William King, A Critique of Professor Osborn's Theory of Human Origin, in: American Journal of Physical Anthropology, Heft 14 (2), 1930, S. 133–163.
Griffiths, Paul E., Ethology, Sociobiology, and Evolutionary Psychology, in: Sahotra Sarkar/Anya Plutynski (Hg.), Blackwell's Companion to the Philosophy of Biology, Malden, MA 2008, S. 393–414.
Grimoult, Cédric, L'Évolution biologique en France. Une Révolution scientifique, politique et culturelle, Genf 2001.
Gundling, Tom, First in Line. Tracing Our Ape Ancestry, New Haven 2005.
Haeckel, Ernst, Natürliche Schöpfungs-Geschichte. Gemeinverständliche wissenschaftliche Vorträge über die Entwicklungs-Lehre im Allgemeinen und diejenige von Darwin, Goethe und Lamarck im Besonderen, Berlin 1868.

– Anthropogenie oder Entwicklungsgeschichte des Menschen. Gemeinverständliche wissenschaftliche Vorträge über die Grundzüge der menschlichen Keimes- und Stammes-Geschichte, Leipzig 1874.
– Natürliche Schöpfungs-Geschichte. Gemeinverständliche wissenschaftliche Vorträge über die Entwicklungs-Lehre im Allgemeinen und diejenige von Darwin, Goethe und Lamarck im Besonderen, 9. Aufl., Berlin 1898 (1868).
Hamilton, W. D., The Genetical Evolution of Social Behaviour, in: Journal of Theoretical Biology, Heft 7, 1964, S. 1–16 und 17–52.
Hammond, Michael, Anthropology as a Weapon of Social Combat in Late-Nineteenth-Century France, in: Journal of the History of the Behaviorial Sciences, Heft 16, 1980, S. 118–132.
Hanke, Christine, Zwischen Auflösung und Fixierung. Zur Konstitution von ›Rasse‹ und ›Geschlecht‹ in der physischen Anthropologie um 1900, Bielefeld 2007.
Haraway, Donna, Remodelling the Human Way of Life: Sherwood Washburn and the New Physical Anthropology, 1950–1980, in: George W. Stocking (Hg.), Bones, Bodies, Behavior. Essays on Biological Anthropology, Wisconsin 1988, S. 206–259.
– Universal Donors in a Vampire Culture: It's All in the Family. Biological Kinship Categories in the Twentieth-Century United States, in: William Cronon (Hg.), Uncommon Ground. Toward Reinventing Nature, New York 1996, S. 321–366.
Haury, Emil W., Axel L. Wenner-Gren, 1881–1961, in: American Antiquity, Heft 29 (1), 1963, S. 90–91.
Henke, Winfried, Historical Overview of Paleoanthropological Research, in: Ders./Ian Tattersall (Hg.), Handbook of Paleoanthropology, Bd. I: Principles, Methods and Approaches, Berlin 2007, S. 1–56.
Henke, Winfried/Rothe, Hartmut, Zur Entwicklung der Paläoanthropologie im 20. Jahrhundert. Von der Narration zur hypothetiko-deduktiven Forschungsdisziplin, in: Dirk Preuß/Uwe Hoßfeld/Olaf Breidbach (Hg.), Anthropologie nach Haeckel, Stuttgart 2006, S. 46–71.
Hirschfeld, Ludwik/Hirschfeld, Hanka, Serological differences between the blood of different races: The results of researches on the Macedonian front, in: The Lancet, Heft 194 (5016), 1919, S. 675–679.
Hooton, Earnest Albert, Up from the Ape, New York 1931.

– Homo Sapiens. Whence and Whither, in: Science, New Series, Heft 82 (2115), 1935, S. 19–31.
– Twilight of Man, New York 1939.
Howells, William White, Explaining Modern Man. Evolutionists Versus Migrationists, in: Journal of Human Evolution, Heft 5, 1976, S. 477–496.
Hoyme, Lucile E., Physical Anthropology and Its Instruments. An Historical Study, in: Southwestern Journal of Anthropology, Heft 9, 1953, S. 408–430.
Huxley, Julian Sorell, Evolution. The Modern Synthesis, New York 1942.
– New Bottles for New Wine: Ideology and Scientific Knowledge, in: Journal of the Royal Anthropological Institute of Great Britain and Ireland, Heft 80 (1/2), 1950, S. 7–23.
– Evolution, Cultural and Biological, in: Yearbook of Anthropology, 1955, S. 2–25.
Huxley, Julian Sorell/Haddon, Alfred C., We Europeans. A Survey of »Racial« Problems, London 1935.
Huxley, Thomas Henry, Man's Place in Nature and Other Anthropological Essays, London 1894.
Jahn, Ilse, Grundzüge der Biologiegeschichte, Jena 1990.
Johannsen, W., The Genotype Conception of Heredity, in: The American Naturalist, Heft 45 (531), 1911, S. 129–159.
Johanson, Donald/Edey, Maitland, Lucy. The Beginnings of Humankind, New York 1981.
Jones, K.W., Comparative Aspects of DNA in Higher Primates, in: Morris Goodman/Richard E. Tashian/Jeanne H. Tashian (Hg.), Molecular Anthropology. Genes and Proteins in the Evolutionary Ascent of the Primates, New York 1976, S. 357–368.
Kay, Lily E., Who Wrote the Book of Life? A History of the Genetic Code, Stanford 2000.
Keith, Arthur, The Differentiation of Mankind into Racial Types, in: Nature, Heft 104 (2611), 1919, S. 301–305.
– A New Theory of Human Evolution, London 1948.
– An Autobiography, London 1950.
Klaatsch, Hermann, Der Werdegang der Menschheit und die Entstehung der Kultur, posthum herausgegeben von Adolf Heilborn, Berlin 1920.

Kühl, Stefan, Die Internationale der Rassisten. Aufstieg und Niedergang der internationalen Bewegung für Eugenik und Rassenhygiene im 20. Jahrhundert, Frankfurt am Main 1997.

Lartet, Édouard, Nouvelles recherches sur la coexistence de l'homme et des grands mammifières fossiles réputés caractéristiques de la dernière époque géologique, in: Annales des Sciences Naturelles, Heft 15, 1861, S. 177–253.

Lartet, Édouard/Christy, Henry, Cavernes du Périgord. Objets gravés et sculptés des temps pré-historiques dans l'Europe Occidentale. Extrait de la Revue Archéologique, Paris 1864.

— Reliquiae Aquitanicae. Being Contributions to the Archaeology and Palaeontology of Périgord and the Adjoining Provinces of Southern France, London 1875 (1865–1875).

Leakey, Louis, Adam's Ancestors. An Up-to-Date Outline of What Is Known About the Origin of Man, London 1934.

Lewin, Roger, Bones of Contention. Controversies in the Search for Human Origins, Chicago 1997 (1987).

Lovejoy, C. Owen/Mensforth, Robert P./Armelagos, George J., Five Decades of Skeletal Biology as Reflected in the American Journal of Physical Anthropology, in: Frank Spencer (Hg.), A History of American Physical Anthropology 1930–1980, New York 1982, S. 329–336.

Lubbock, John, Pre-historic Times, as Illustrated by Ancient Remains, and the Manners and Customs of Modern Savages, London 1865.

Lyell, Charles, On the Occurrence of Works of Human Art in Post-pliocene Deposits, in: Report of the 29th Meeting of the British Academy for the Advancement of Science, Aberdeen 1859. Notices and Abstracts, Heft 29, 1860 (1859), S. 93–95.

— The Geological Evidence of the Antiquity of Man, London 1863.

MacEachern, Scott, Genes, Tribes, and African History, in: Current Anthropology, Heft 41 (3), 2000, S. 357–384.

Marks, Jonathan, »We're Going to Tell These People Who They Really Are«: Science and Relatedness, in: Sarah Franklin/Susan McKinnon (Hg.), Relative Values. Reconfiguring Kinship Studies, Durham 2001, S. 355–383.

Mayr, Ernst, Taxonomic Categories in Fossil Hominids, in: Cold Spring Harbor Symposia on Quantitative Biology, Heft 15, 1950, S. 109–118.

– The New versus the Classical in Science, in: Science, New Series, Heft 141 (3583), 1963, S. 765.
– The Role of Systematics in the Evolutionary Synthesis, in: Ernst Mayr/William B. Provine (Hg.), The Evolutionary Synthesis. Perspectives on the Unification of Biology, Cambridge, MA 1980, S. 123–136.
– Systematics and the Origin of Species from the Viewpoint of a Zoologist, New York 1982 (1942).
Mellars, Paul/Stringer, Chris (Hg.), The Human Revolution. Behavioural and Biological Perspectives on the Origins of Modern Humans, Edinburgh 1989.
Morant, Geoffrey McKay, A Biometrician's View of Race in Man, in: Man, Heft 34, 1934, S. 99–105.
– The Races of Central Europe. A Footnote to History, London 1939.
– Racial Theories and International Relations, in: Man, Heft 40, 1940, S. 24.
– The Future of Physical Anthropology, in: Man, Heft 44, 1944, S. 16–18.
Morgan, Thomas Hunt, The Theory of the Gene, New Haven 1926.
Morgan, Thomas Hunt/Sturtevant, Alfred Henry/Muller, Hermann Joseph/Bridges, Calvin B., The Mechanism of Mendelian Heredity, New York 1915.
Morgan, Gregory J., Emile Zuckerkandl, Linus Pauling, and the Molecular Evolutionary Clock, 1959–1965, in: Journal of the History of Biology, Heft 31, 1998, S. 155–178.
de Mortillet, Gabriel, Promenades préhistoriques à l'Exposition Universelle, Paris 1867.
– Le Préhistorique. Antiquité de l'homme, Paris 1883.
Mourant, Arthur Ernest, The Distribution of the Human Blood Groups, Oxford 1954.
Numbers, Ronald L./Stenhouse, John (Hg.), Disseminating Darwinism. The Role of Place, Race, Religion, and Gender, Cambridge 1999.
Nuttall, George H., Blood Immunity and Blood Relationship, Cambridge 1904.
Oakley, Kenneth P., Dating Skeletal Material, in: Science, New Series, Heft 140 (3566), 1963, S. 488.

– Relative Dating of the Fossil Hominids of Europe, in: Bulletin of the British Museum of Natural History (Geology), Heft 34 (1), 1980, S. 1–63.
Olby, Robert, Origins of Mendelism, Chicago 1985 (1966).
Olson, Steve, Mapping Human History. Genes, Race, and Our Common Origins, Boston 2002.
Osborn, Henry Fairfield, Paleontology Versus Genetics, in: Science, New Series, Heft 72 (1853), 1930, S. 1–3.
– Paleontology Versus Devriesianism and Genetics in the Factors of the Evolution Problem, in: Science, New Series, Heft 73 (1899), 1931, S. 547–549.
– Recent Revivals of Darwinism, in: Science, New Series, Heft 77 (1991), 1933, S. 199–202.
– Aristogenesis, the Creative Principle in the Origin of Species, in: Science, New Series, Heft 79 (2038), 1934a, S. 41–45.
– The Dual Principles of Evolution, in: Science, Heft 80 (2087), 1934b, S. 601–605.
Palsson, Gisli, Anthropology and the New Genetics, Cambridge 2007.
– Genomic Anthropology. Coming in from the Cold?, in: Current Anthropology, Heft 49 (4), 2008, S. 545–568.
Peake, Harold J. E., The Study of Prehistoric Times, in: Journal of the Royal Anthropological Institute of Great Britain and Ireland, Heft 70 (2), 1940, S. 103–146.
Penny, Glenn, Objects of Culture. Ethnology and Ethnographic Museums in Imperial Germany, Chapel Hill 2002.
Persell, Stuart M., Neo-Lamarckism and the Evolution Controversy in France, 1870–1920, Lewinston, NY 1999.
Porter, Theodore M., Karl Pearson. The Scientific Life in a Statistical Age, Princeton 2004.
de Quatrefages, Jean Louis Armand/Hamy, Jules Érnest Théodore/Formant, Henri C., Crania Ethnica. Les Crânes des races humaines, 2 Bde., Paris 1882.
Reader, John, Missing Links. The Hunt for Earliest Man, London 1981.
Reardon, Jenny, The Human Genome Diversity Project. A Case Study in Coproduction, in: Social Studies of Science, Heft 31 (3), 2001, S. 357–388.

– Race to the Finish. Identity and Governance in an Age of Genetics, Princeton 2005.
Richards, Robert J., Darwin and the Emergence of Evolutionary Theories of Mind and Behavior, Chicago 1987.
Ripley, William Z., The Races of Europe. A Sociological Study, New York 1899.
Ruggles Gates, R., Human Ancestry From a Genetical Point of View, Cambridge, MA 1948.
Ruse, Michael, Monad to Man. The Concept of Progress in Evolutionary Biology, Cambridge, MA 1996.
– The Darwinian Revolution. Science Red in Tooth and Claw, Chicago 1999 (1979).
Sarich, Vincent M., A Molecular Approach to the Question of Human Origins, in: Phyllis Dolhinow/Ders. (Hg.), Background for Man. Readings in Physical Anthropology, Boston 1971, S. 60–81.
Sarich, Vincent M./Cronin, John E., Molecular Systematics of the Primates, in: Morris Goodman/Richard E. Tashian/Jeanne H. Tashian (Hg.), Molecular Anthropology. Genes and Proteins in the Evolutionary Ascent of the Primates, New York 1976, S. 141–170.
Sarich, Vincent M./Miele, Frank, Race. The Reality of Human Differences, Boulder 2004.
Sarich, Vincent M./Wilson, Allan C., Immunological Time Scale of Hominid Evolution, in: Science, New Series, Heft 158 (3805), 1967, S. 1200–1203.
Schaaffhausen, Hermann, On the Crania of the Most Ancient Races of Man (translated by George Busk). With Remarks, and original Figures, taken from a Cast of the Neanderthal Cranium, in: The Natural History Review, New Series, Heft 8, 1861 (1858), S. 155–172.
– Ueber die Methode der vorgeschichtlichen Forschung, in: Archiv für Anthropologie, Heft 5, 1872 (1869), S. 113–128.
Schneider, William H., The history of research on blood group genetics: Initial discovery and diffusion, in: History and Philosophy of the Life Sciences, Heft 18, 1996, S. 277–303.
Schwalbe, Gustav, Studien zur Vorgeschichte des Menschen, Stuttgart 1906.
Scott, J. P., Foreword. Methodology and Techniques for the Study of Animal Societies, in: Annals of the New York Academy of Sciences, Heft 51, 1950, S. 1003–1005.

Segal, Daniel Alan/Yanagisako, Sylvia J. (Hg.), Unwrapping the Sacred Bundle. Reflections on the Disciplining of Anthropology, Durham 2005.
Shapiro, Harry L., The History and Development of Physical Anthropology, in: American Anthropologist, New Series, Heft 61 (3), 1959, S. 371–379.
Simpson, George Gaylord, The Role of the Individual in Evolution, in: Journal of the Washington Academy of Sciences, Heft 31 (1), 1941, S. 1–20.
– Tempo and Mode in Evolution, New York 1944.
– The Meaning of Taxonomic Statements, in: Sherwood L. Washburn (Hg.), Classification and Human Evolution, Chicago 1963, S. 1–31.
– Organisms and Molecules in Evolution, in: Science, New Series, Heft 146 (3651), 1964, S. 1535–1538.
– The Biological Nature of Man, in: Science, New Series, Heft 152 (3721), 1966a, S. 472–478.
– Interpretations of DNA, in: Science, New Series, Heft 154 (3753), 1966b, S. 1120.
Smocovitis, Vassiliki Betty, Unifying Biology. The Evolutionary Synthesis and Evolutionary Biology, Princeton 1996.
Sollas, William Johnson, On a Sagittal Section of the Skull of Australopithecus Africanus, in: The Quarterly Journal of the Geological Society of London, Heft 82 (325), 1926 (1925), S. 1–11.
Sommer, Marianne, Foremost in Creation. Anthropomorphism and Anthropocentrism in National Geographic Articles on Non-Human Primates, Bern 2000.
– Bones and Ochre. The Curious Afterlife of the Red Lady of Paviland, Cambridge, MA 2007a.
– The Lost World as Laboratory. The Politics of Evolution between Science and Fiction in Early Twentieth-Century America, in: Configurations, Heft 15 (3), 2007b, S. 299–329.
– History in the Gene. Negotiations between Molecular and Organismal Anthropology, in: Journal of the History of Biology, Heft 41 (3), 2008a, S. 473–528.
– Clark, Wilfrid Edward Le Gros, in: Noretta Koertge (Hg.), New Dictionary of Scientific Biography, Bd. 2, New York 2008b, S. 137–142.

– Carl Vogt: Vorlesungen über den Menschen, in: Heinz Ludwig Arnold (Hg.), Kindlers Literatur Lexikon, 3. Aufl., Bd. 17, Stuttgart 2009a, S. 56.
– Richard Dawkins: The Selfish Gene (Das egoistische Gen), in: Heinz Ludwig Arnold (Hg.), Kindlers Literatur Lexikon, 3. Aufl., Bd. 4, Stuttgart 2009b, S. 439–440.
– Anthropologie, in: Dies./Philipp Sarasin (Hg.), Evolution. Ein interdisziplinäres Handbuch, Stuttgart 2010a, S. 203–210.
– From Descent to Ascent: The Human Exception in the Evolutionary Synthesis, in: Nuncius, Heft 25 (1), 2010b, S. 41–67.
– Seriality in the Making: The Osborn-Knight Restorations of Evolutionary History, in: History of Science, Heft 48 (Parts 4/3, No. 161), 2010c, S. 461–482.
– DNA and Cultures of Remembrance. Anthropological Genetics, Biohistories, and Biosocialities, in: BioSocieties, Heft 5 (3), 2010d, S. 366–390.
– Michael Tomasello: Die kulturelle Entwicklung des menschlichen Denkens, in: Heinz Ludwig Arnold (Hg.), Kindlers Literatur Lexikon, 3., völlig neu bearbeitete Aufl., Online-Updates 2010ff., 2012a.
– Richard Dawkins: The Ancestor's Tale (Geschichten vom Ursprung des Lebens), in: Heinz Ludwig Arnold (Hg.), Kindlers Literatur Lexikon, 3., völlig neu bearbeitete Aufl., Online-Updates 2010ff., 2012b.
– Die Biologie der Demokratie im wissenschaftlichen Humanismus, in: Michael Hagner (Hg.), Wissenschaft und Demokratie, Frankfurt am Main 2012c, S. 51–69.
– »Do you have Celtic, Jewish or Germanic Roots?« – Applied Swiss History before and after DNA, in: Katharina Schramm/David Skinner/Richard Rottenburg (Hg.), Identity Politics and the New Genetics. Re/Creating Categories of Difference and Belonging, Oxford 2012d, S. 116–140.
– Biology as a Technology of Social Justice in Interwar Britain. Arguments from Evolutionary History, Heredity, and Human Diversity, in: Science, Technology and Human Values, Heft 39 (4), 2014, S. 560–585.
– Population-genetic Trees, Maps and Narratives of the Great Human Diasporas, in: History of the Human Sciences, online first, March 2015, 1–39, doi: 10.1177/0952695115573032.

– History Within. The Science, Culture, and Politics of Bones, Organisms, and Molecules, Chicago (2016, im Erscheinen).
Sommer, Marianne/Krüger, Gesine (Hg.), Biohistorische Anthropologie. Knochen, Körper und DNA in Erinnerungskulturen, Berlin 2011.
Spencer, Frank (Hg.), History of Physical Anthropology. An Encyclopedia, 2 Bde., New York 1997.
Spencer, Herbert, The Principles of Psychology, 3. Aufl., Bd. 1, New York 1895 (1855)-a.
– The Principles of Psychology, 3. Aufl., Bd. 2, New York 1895 (1855)-b.
– The Principles of Biology, Bd. 1, Edinburgh 1864.
– The Principles of Biology, Bd. 2, Edinburgh 1867.
Stepan, Nancy Leys, The Idea of Race in Science. Great Britain, 1800–1960, London 1982.
Stocking, George W., Race, Culture, and Evolution. Essays in the History of Anthropology, New York 1968.
Stone, Linda/Paul F. Lurquin, A Genetic and Cultural Odyssey. The Life and Work of L. Luca Cavalli-Sforza, New York 2005.
Stoneking, Mark/Cann, Rebecca, African Origin of Human Mitochondrial DNA, in: Paul Mellars/Chris Stringer (Hg.), The Human Revolution. Behavioural and Biological Perspectives on the Origins of Modern Humans, Edinburgh 1989, S. 17–30.
Strasser, Peter, Verbrechermenschen. Zur kriminalwissenschaftlichen Erzeugung des Bösen, Frankfurt am Main 2005 (1984).
Tattersall, Ian, The Fossil Trail. How We Know What We Think We Know About Human Evolution, New York 1995.
Tattersall, Ian/Eldredge, Niles, Fact, Theory, and Fantasy in Human Paleontology, in: American Scientist, Heft 65, 1977, S. 204–211.
Tylor, Edward B., Anthropology. An Introduction to the Study of Man and Civilization, London 1881.
Van Keuren, David Keith, Human Science in Victorian Britain. Anthropology in Institutional and Disciplinary Formation, 1863–1908, Doktorarbeit, University of Pennsylvania 1982.
Vogt, Carl, Vorlesungen über den Menschen, seine Stellung in der Schöpfung und in der Geschichte der Erde, 2 Bde., Gießen 1863.
Wallace, Alfred Russel, The Origin of Human Races and the Antiquity of Man Deduced from the »Theory of Natural Selection«, in: Journal of the Anthropological Society of London, Heft 2, 1864, S. 157–187.

Washburn, Sherwood L., The New Physical Anthropology, in: Transactions of the New York Academy of Sciences, 2nd Series, Heft 13, 1951, S. 298–304.
– The Strategy of Physical Anthropology, in: A. L. Kroeber (Hg.), Anthropology Today, Chicago 1952, S. 714–728.
– Fifty Years of Studies on Human Evolution, in: The Bulletin of the Atomic Scientists, Heft 38, 1982, S. 37–43.
– Evolution of a Teacher, in: Annual Review of Anthropology, Heft 12, 1983, S. 1–24.
Weidenreich, Franz, Apes, Giants, and Man, Chicago 1946.
Weinert, Hans, Urspung der Menschheit. Über den engeren Anschluss des Menschengeschlechts an die Menschenaffen, Stuttgart 1932.
Willis, Delta, The Hominid Gang. Behind the Scenes in the Search for Human Origins, New York 1989.
– The Leakey Family. Leaders in the Search for Human Origins, New York 1992.
Wilson, E. O., On Human Nature, Cambridge, MA 1978.
– Biologie als Schicksal. Die soziobiologischen Grundlagen menschlichen Verhaltens, Frankfurt a/M 1980.
Wolpoff, Milford H., Multiregional Evolution. The Fossil Alternative to Eden, in: Paul Mellars/Chris Stringer (Hg.), The Human Revolution. Behavioural and Biological Perspectives on the Origins of Modern Humans, Edinburgh 1989, S. 62–108.
Zimmerman, Andrew, Anthropology and Antihumanism in Imperial Germany, Chicago 2001.
Zuckerkandl, Emile, Perspectives in Molecular Anthropology, in: Sherwood L. Washburn (Hg.), Classification and Human Evolution, Chicago 1963, S. 243–272.
Zuckerkandl, Emile/Pauling, Linus, Molecular Disease, Evolution, and Genetic Heterogeneity, in: M. Kasha/B. Pullman (Hg.), Horizons in Biochemistry, New York 1962, S. 189–225.
– Evolutionary Divergence and Convergence in Proteins, in: Vernon Bryson/Henry L. Vogel (Hg.), Evolving Genes and Proteins, New York 1965a, S. 97–166.
– Molecules as Documents of Evolutionary History, in: Journal of Theoretical Biology, Heft 8, 1965b, S. 357–366.

Marianne Sommer, Studium der englischen Literaturwissenschaft und Linguistik sowie Biologie. Promotionsstipendiatin Collegium Helveticum ETH Zürich (Promotion 2000); zweijähriges Walther-Rathenau Postdoc, Max-Planck-Institut für Wissenschaftsgeschichte; zweijähriges US National Science Foundation Postdoc, Pennsylvania State University (Programm *Science, Medicine, and Technology in Culture*). Oberassistenz ETH Zürich, Habilitation in Wissenschaftsgeschichte und Wissenschaftsforschung (2007). SNF-Förderungsprofessur Wissenschaftsgeschichte und Wissenschaftsforschung, Universität Zürich. Seit 2011 Professur für Kulturwissenschaften, Seminar für Kulturwissenschaften und Wissenschaftsforschung, Universität Luzern; assoziiertes Mitglied Zentrum Geschichte des Wissens (ETH und Universität Zürich). Gastaufenthalte u.a.: Egenis – Centre for Genomics in Society (University of Exeter); Centre d'Estudis d'Història de la Ciència (Universitat Autònoma de Barcelona); Stanford University; Institute for Society and Genetics (UCLA); MPIWG (Berlin); Internationales Forschungszentrum Kulturwissenschaften (IFK, Wien/Linz).